铝合金生产计算与计划

梅锦旗　著

北　京
冶 金 工 业 出 版 社
2014

内 容 提 要

本书系统地介绍了铝合金的分类，变形铝合金和铸造铝合金的配料计算方法和过程，变形铝合金板锭、圆锭生产计划的制定，铸造铝合金生产计划的制定，生产计划的数学建模及优化仿真等内容，并配有大量的插图、例题及讲解。

本书适合于铝合金熔炼与铸造企业从事工艺、技术、质量、配料、计划、生产、管理等工作的相关人员阅读，也可供从事有色金属熔炼与铸造的相关人员以及计算机、自动化、应用数学等工程应用领域的人员阅读参考，同时也可作为大中专院校相关专业的参考书。

图书在版编目(CIP)数据

铝合金生产计算与计划/梅锦旗著.—北京：冶金工业出版社，2014.10

ISBN 978-7-5024-6747-0

Ⅰ.①铝… Ⅱ.①梅… Ⅲ.①铝合金—生产—配料—计算 ②铝合金—工业生产计划—制定 Ⅳ.①TG146.2

中国版本图书馆CIP数据核字(2014)第237055号

出 版 人 谭学余
地　　址 北京市东城区嵩祝院北巷39号 邮编 100009 电话 (010)64027926
网　　址 www.cnmip.com.cn 电子信箱 yjcbs@cnmip.com.cn
责任编辑 张熙莹 美术编辑 杨 帆 版式设计 孙跃红
责任校对 李 娜 责任印制 李玉山
ISBN 978-7-5024-6747-0
冶金工业出版社出版发行；各地新华书店经销；北京百善印刷厂印刷
2014年10月第1版，2014年10月第1次印刷
169mm×239mm；9.25印张；179千字；138页
38.00元

冶金工业出版社 投稿电话 (010)64027932 投稿信箱 tougao@cnmip.com.cn
冶金工业出版社营销中心 电话 (010)64044283 传真 (010)64027893
冶金书店 地址 北京市东四西大街46号(100010) 电话 (010)65289081(兼传真)
冶金工业出版社天猫旗舰店 yjgy.tmall.com
(本书如有印装质量问题，本社营销中心负责退换)

前　言

铝合金是工业中应用最广泛的一类有色金属结构材料，在航空、航天、汽车、机械制造、船舶及化学工业中已大量应用，其应用仅次于钢铁。随着科学技术的发展，现代生产复杂性越来越高，市场竞争也越来越激烈，因此对企业的管理水平提出了更高的要求。在激烈的市场竞争中，企业管理者必须进行科学的生产管理，提高企业的经济效益。

在铝合金熔炼与铸造企业中，铝合金的熔炼、铸造成型、锯切加工等生产过程的相关数理计算以及优化问题是铝合金生产管理的核心内容。如何提高铝合金生产计算的精度和速度、原材料的综合利用率，降低烧损以及如何优化生产计划，对于降低物耗和能耗、提高设备的生产效率、降低生产成本、提高产品质量、缩短产品生产周期和增强企业市场竞争力，具有重要的现实意义和应用价值。

考虑到国内目前尚无一本专门论述铝合金配料计算和生产计划的书出版，在已有的铝合金熔铸书籍中仅把配料计算内容作为简单的一小节，内容显得单薄，不够全面和系统；而在铝合金生产计划方面，国内几乎没有一本铝合金技术书籍有专门的讲解；在铝合金熔铸计划的优化仿真方面，在国内也几乎是空白。为此，作者利用工作之余断断续续花了四年多的时间完成了本书的写作，填补了国内的空白，以飨广大读者。

本书为国内迄今唯一一本比较系统、详尽地介绍有关铝合金熔炼与铸造过程中配料计算、计划制定以及优化仿真的专著。全书共分7章，第1章主要讲解铝合金的一些基本知识，第2~3章主要讲解铝合金配料计算等内容，第4~6章主要讲解铝合金生产计划的制定等内容，第7章主要讲解生产计划的优化仿真等内容。

本书在配料计算方面，归纳和讲解了变形铝和铸造铝配料计算的方法和理论，完善了换料、减料和加料的概念，提出了化学成分调整的杠杆原理；在生产计划方面，提出了铝合金熔铸中的最优化组合原则，归纳和总结了变形铝合金板锭、圆锭以及铸造铝合金生产计划制定的具体方法及步骤；在优化仿真方面，建立了配料计算模型，开发了基于该模型的软件系统，提出了不均分连接、均分连接、连接率、色散算法、色散次数等概念，建立了整个优化仿真的数学模型，并开发了基于该模型的软件系统。

本书融合了教科书和专业书籍的风格，各章节的重要概念、知识点均精心设计了相关例题和详细的解答过程，例题中数据来源于实际生产，并配有大量生动而形象的插图和表格，全部系作者绘制。由于作者水平所限，书中不妥之处，敬请广大读者批评指正。

本书获得了青海庆丰铝业有限公司的出版资助和支持，在写作过程中获得了很多老领导、同事、朋友的支持和鼓励，在此表示衷心的感谢！

梅锦旗

2014. 5. 15

目　　录

1 绪　　论

纯铝的密度小（$\rho=2.7g/cm^3$），大约是铁的1/3，熔点低（660℃），具有很高的塑性，易于加工，可制成各种型材、板材，抗腐蚀性能好，但是纯铝的强度很低，故不宜作结构材料。在纯铝中可以添加各种合金元素，制造出满足各种性能、功能和用途的铝合金。

铝合金是指以铝为基体相的合金总称，其主要合金元素（简称主元素）有Cu、Si、Mg、Zn、Mn等，次要合金元素（也叫杂质元素）有Ni、Fe、Ti、Cr、Li等。

1.1 铝合金的分类

根据加入合金元素的种类、含量及合金的性能，铝合金可以分为变形铝合金和铸造铝合金，如图1.1所示[1]。

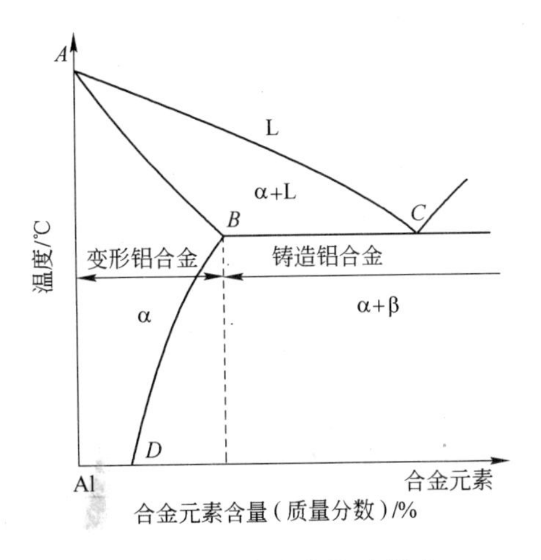

图1.1　铝合金分类示意图

在变形铝合金中，合金元素含量比较低，一般不超过极限溶解度 *B* 点成分。

铸造铝合金除含有强化元素之外，还必须含有足够量的共晶型元素（通常是Si)，以使合金有相当的流动性，易于填充铸造时铸件的收缩缝。铸造铝合金中合金元素Si的最大含量超过大多数变形铝合金中的Si含量，一般都超过极限溶解度 *B* 点。

1.1.1 变形铝合金的分类

变形铝合金的分类方法很多，现在工业生产中主要根据所含的主要合金元素，采用四位数字体系将其分为：工业纯铝（1×××系）、Al－Cu合金（2×××系）、Al－Mn合金（3×××系）、Al－Si合金（4×××系）、Al－Mg合金（5×××系）、Al－Mg－Si合金（6×××系）、Al－Zn－Mg－Cu合金（7×××系）、Al－其他元素合金（8×××系）及备用合金组（9×××系）等合金。表1.1列出了各合金系及其对应的组别。

表1.1 变形铝合金各系及其对应的组别（GB/T 16474—2011）

牌号系列	组　别
1×××	纯铝（铝含量不小于99.00%）
2×××	以铜为主要合金元素的铝合金
3×××	以锰为主要合金元素的铝合金
4×××	以硅为主要合金元素的铝合金
5×××	以镁为主要合金元素的铝合金
6×××	以镁和硅为主要合金元素，并以 Mg_2Si 相为强化相的铝合金
7×××	以锌为主要合金元素的铝合金
8×××	以其他元素为主要合金元素的铝合金
9×××	备用合金组

1.1.2 铸造铝合金的分类

铸造铝合金的分类方法和变形铝合金类似，现在主要采用三位数字加小数点再加数字的形式将其分为：Al－Cu合金（2××.×）、Al－Cu－Mg合金（3××.×）、Al－Si合金（4××.×）、Al－Mg合金（5××.×）、Al－Zn合金（7××.×）、Al－Ti合金（8××.×）、Al－其他元素合金（9××.×）及备用合金组（6××.×）等合金系。各合金系及其对应的组别见表1.2。

表1.2 铸造铝合金各系及其对应的组别（GB/T 8733—2007）

牌号系列	组　别
2××.×	以铜为主要合金元素的铸造铝合金
3××.×	以硅、铜和（或）镁为主要合金元素的铸造铝合金
4××.×	以硅为主要合金元素的铸造铝合金
5××.×	以镁为主要合金元素的铸造铝合金
7××.×	以锌为主要合金元素的铸造铝合金
8××.×	以钛为主要合金元素的铸造铝合金
9××.×	以其他元素为主要合金元素的铸造铝合金
6××.×	备用合金组

1.2 铝合金的成分

按照 GB/T 3190—2008 标准制定的中国变形铝及其化学成分表，见附录 1；按照 GB/T 8733—2007 标准制定的中国铸造铝及其化学成分表，见附录 2。

需要说明的是：在附录 1、2 中铝合金的化学成分含量均指质量分数，其中数量有范围的为主要元素的最小值和最大值含量，无范围的为杂质元素的最大值含量，未标明铝含量的，铝含量为其余。

另外，由于历史原因，实际生产中国内很多铝合金企业仍在沿用较老的牌号或国外牌号，如 383Y.2 对应于老牌号 YLD113，近似日本牌号 ADC12，这里就不一一介绍了，请读者查阅相关资料。

2　变形铝合金配料计算

根据合金本身的工艺性能和该合金加工制备技术条件的要求，在国家标准和有关标准所规定的化学成分范围内，确定合金的配料标准、炉料组成和配料比，并计算出每炉的全部炉料量，进行炉料的过秤和准备的工艺过程，称为配料[2]。与之相关的数学计算过程称为配料计算（也称为狭义的配料计算）。配料的基本流程如图2.1所示。

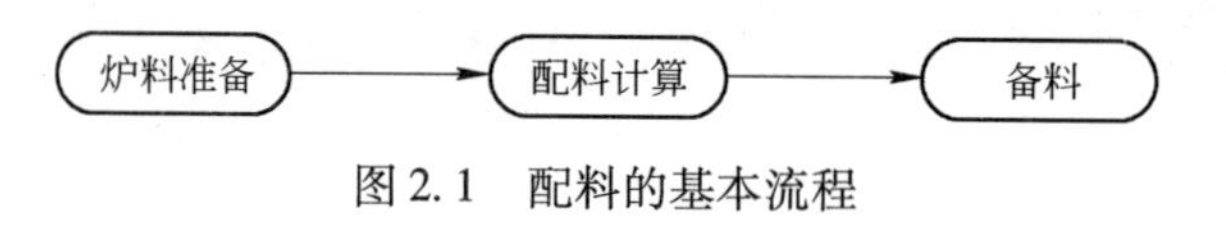

图2.1　配料的基本流程

由于配料计算是整个配料过程的核心数理计算环节，因此配料又常常特指配料计算。

广义的配料计算，还包括了补料、冲淡、减料、加料、换料等相关的数理计算。

变形铝合金和铸造铝合金的配料计算，其本质是相同的，都是计算出铝合金中各合金元素的具体含量，确定各炉料的种类、质量及其他相关事项。只是在实际生产中，由于两种合金使用的炉料种类、熔炼方式以及订单方式的不同，导致了两种合金的配料计算过程有所差异。本章将讲解变形铝合金的配料计算，在第3章将讲解铸造铝合金配料计算的相关知识。

2.1　炉料及其分类

在生产中间合金或成品合金时，引入的基体金属和合金化元素所需要的一切原材料，统称为炉料[2]，主要包含新铝、废料、复化锭、纯金属、中间合金、元素添加剂以及一些化工材料等。其中纯金属、中间合金、元素添加剂以及化工材料，在炉料中所占的质量分数较小，主要作用是为铝合金提供合金化元素，因此常被称做“小金属”。各种炉料具体介绍如下：

（1）新铝[2]。新铝是指由铝土矿直接电解出的一次工业纯铝，包括重熔用铝锭和电解铝液。它具有成分标准化、质量较好、价格较贵的特点。熔炼时使用新铝是为了降低炉料中总的杂质含量，提高熔炼金属内部纯净度和制品的最终综合性能，同时弥补成品生产的金属消耗。此外，许多合金直接引用新铝，如1100合金。

(2) 废料[2]（回炉料）。废料是指在熔炼铸造、后续机械加工等生产过程中所产生的几何加工余料、工艺废品和工艺废料。熔炼时使用废料是为了合理利用资源，降低生产成本。原则上，废料应该按照合金牌号或合金系进行分类标识，如5052切边即表示该切边废料为5052合金产生的。

按照烧损率的高低，一般粗略地把废料分为四个等级，各级废料的烧损特点及常见的废料类型见表2.1。

表2.1 各级废料的烧损特点及常见的废料类型

废料等级	烧损特点	常见废料
一级	较小	切头、放废料、放干料、棒材、型材
二级	较大	切边（小片）、卷材、板材、带材
三级	很大	铣屑、锯屑、铝箔、边卷（较薄的带状卷材）
四级	最大	掏井渣、灰渣、灰锭

(3) 复化锭（复化料）。复化锭是指一些成分不明的各种铝合金废料，在炉子中熔化后，分析出化学成分，直接浇铸而成的铝锭。

(4) 纯金属。这里应理解为纯单质，不但包含Fe、Cu、Mg、Cr等常规金属单质，还包含Si等半金属单质。

(5) 中间合金[2]。中间合金是指在熔制成品合金之前预先制备好的一种过渡性合金。生产成品合金时使用中间合金的目的是便于加入某些难熔元素或含量很少的合金元素，保证成品合金的冶金质量，减少烧损，提高炉子生产率，改善作业条件[2]。

(6) 元素添加剂[2]。元素添加剂是指将适当粒度的纯金属粉末与不含钠的熔剂粉末机械混配后压制成型、密封包装，专供添加合金组元用的饼状非烧结性粉末冶金制品。这是当前铝熔体合金化的发展方向。当采用惰性气体吹入法添加组元时，也可直接采用金属粉末的形式加入。

(7) 化工材料。在配制成品合金和中间合金时，对含量较少的稀贵金属元素常采用化工材料[2]的形式引入，常用的有二氧化钛、铍氟酸钠、锆氟酸钾、硼氟酸钾等。这些化工材料通常均呈粉末状，并有严格的质量标准。

除了上面介绍的一些炉料外，在实际生产中还会用到一些辅助材料，主要包含各种覆盖剂、分离剂、变质剂、精炼剂、精炼气体（如氮氯混合气体）、晶粒细化剂（如Al-5Ti-1B丝）、结晶器润滑油等。在熔炼时使用这些辅助材料，主要起到降低烧损、造渣、细化晶粒、减小结晶器与铸锭间的摩擦等稳定或改善产品质量的作用。

2.2 配料计算

2.2.1 实际配料量的确定

配料量分为理论配料量和实际配料量，其中理论配料量间接反映到生产卡片上，而实际配料量直接反映到生产卡片上。在变形铝合金配料卡片上所用的配料量指的是实际配料量。

理论配料量指成品铸锭所需的铝水质量。它通常是根据采购方所提出的锭坯规格要求，考虑熔炼炉的容量、铸造机的最大负荷和最大铸造深度，按铸锭长度和根数而确定的。

理论配料量 $Q_{理论}$，即每炉次中所有铸锭质量的总和，按式（2.1）计算：

$$Q_{理论} = \sum_{i=1}^{n} l_i \times q_i \tag{2.1}$$

式中 l_i——第 i 根铸锭的长度，m；

q_i——第 i 根铸锭每米的质量（该值根据实际生产测得），kg/m；

n——每炉次铸锭的根数。

在工业生产中，每炉次的实际配料量是一个很重要的因素，实际配料量过多或过少都将降低车间铸锭成品率。通常，实际配料量 $Q_{实际}$ 可按式（2.2）确定：

$$Q_{实际} = Q_{理论} + Q_{烧损} + Q_{供流量} = \frac{Q_{理论}}{1 - \sigma_r} + Q_{供流量} \tag{2.2}$$

式中 $Q_{烧损}$——在熔炼铸造过程中每炉次的金属烧损量，kg；

$Q_{供流量}$——为保持一定的铸造速度和金属流量，在炉内建立一定的熔体静压头所需的金属量 $Q_{压头}$，一般为 200 ~ 500kg，转合金时，第一炉次由于旋转除气装置（如常见的 DDF）、过滤装置等都已经彻底放干，此时除考虑 $Q_{压头}$ 外，还应考虑旋转除气装置、过滤装置所需的铝水容量，故此时的供流量较大，kg；

σ_r——合金熔炼时的烧损率，一些炉料的烧损率见表 2.2。

表 2.2 一些炉料的烧损率[2]

火焰炉		电阻炉	
炉料类型	烧损率/%	炉料类型	烧损率/%
纯铝锭	1.0 ~ 1.5	软合金液体料	0.5 ~ 0.8
一级废料	1.5 ~ 2.0	硬合金液体料	0.7 ~ 1.0
二级废料	2.0 ~ 3.0	软合金固体料	2.0 ~ 2.5
三级废料	4.0 ~ 6.0	硬合金固体料	2.5 ~ 3.0

影响实际配料量的因素很多，在确定$Q_{实际}$时，还必须随时掌握生产中发生的情况，如炉内剩料量、补料冲淡量、磅秤系统误差等，随时调整，以尽可能地提高成品率，收到最好的经济效果。

2.2.2 配料值的确定——最大值原则和中值原则

配料值（配料计算值），即配料计算的时候，合金中各成分所使用的具体数值。

由于主元素配料值的确定一般和中值有关，因此把主元素配料值的确定原则称做“中值原则”；而杂质元素配料值的确定一般和最大值有关，所以把杂质元素配料值的确定原则称做“最大值原则”。

2.2.2.1 成品合金配料值的确定

成品合金的配料值，按照如下原则进行确定：

（1）杂质元素全部取控制标准范围的最大值。

（2）主元素原则上取控制标准范围的中间值（中值）：

1）对于某些贵重金属，考虑到产品成本问题，主元素常取中值略偏下；

2）对于某些烧损较大或价格较便宜的合金主元素，常取中值略偏上。

一些主元素的配料取值见表2.3。

表2.3 一些主元素的配料取值

合金元素	取值原则	原　因
Si	中偏上	价格较便宜、烧损较大
Fe	中值或中偏下	铁的熔点较高，不易溶解，炉底会积累铁沉淀
Cu	中偏下	价格较贵
Mn	中值	
Mg	中偏上	烧损较大
Cr	中偏下	价格较贵
Be	中偏下	价格较贵
Zn	中值	
Ti	中偏下	由于晶粒细化剂常用Al－Ti－B丝，里面含有Ti

【例2.1】 欲生产5052普料，其成分控制标准见表2.4，试确定其配料值。

表2.4 某5052合金成分控制标准

牌号	各元素含量/%							
	Si	Fe	Cu	Mn	Mg	Cr	Zn	其他
5052	≤0.15	0.25~0.35	≤0.10	≤0.10	2.30~2.70	0.15~0.35	≤0.10	—

解：根据最大值原则和中值原则有：

主元素 Fe，考虑到炉底有铁沉淀，取中偏下，即$\frac{0.25+0.35}{2}-0.01=0.29$。

主元素 Mg，考虑到其烧损比较大，取中偏上，即$\frac{2.30+2.70}{2}+0.05=2.55$。

主元素 Cr，考虑到其价格，取中偏下，即$\frac{0.15+0.35}{2}-0.07=0.18$。

其余杂质元素全部取其最大值，该合金配料值见表 2.5。

表 2.5 某 5052 合金的配料值

牌 号	各元素含量/%							
	Si	Fe	Cu	Mn	Mg	Cr	Zn	其他
5052	0.15	0.29	0.10	0.10	2.55	0.18	0.10	0

注意：对于含量不作要求或含量很低的，如 5052 中的其他元素（即表 2.4 中画“—”的元素含量），其配料值直接取为零。

2.2.2.2 *炉料配料值的确定*

炉料配料值的确定方法，与成品合金略有差别，其配料值的确定按照如下原则进行：

（1）如果炉料具体成分已知，则直接取该炉料的成分值，如新铝、中间合金、复化料、放废料等；

（2）如果炉料具体成分未知，但知道其牌号或合金系（如切边、切头、铣屑等外购废料），则配料值按照最终成品合金的成分含量进行取值；

（3）如果炉料由多种牌号的废料混合（即混料），则取各自成品合金的成分含量的最大值。

当然，考虑到废料的采购常常是固定的某几家供货单位，其提供的废料实际杂质成分常常偏低，或者是自身厂家生产的料头、放干料等杂质实际成分已知的废料，配料计算时，常常根据实际情况，酌情调低杂质元素的配料值，不过这要求相关的技术人员具有丰富的生产经验。

如根据生产经验，Si 实际含量长期处于 0.1%，于是配料计算时，可以直接取 0.1%。这样有利于避免之后由于成分不足带来的补料等操作，缩短生产周期。不过如果不是很明确炉料成分的情况下，取最大值是最保险的。

【例 2.2】试确定 5052 切边、5083 切边、5052 和 5083 铣屑混料以及 Al99.7 铝锭的配料值，各合金的成分控制标准见表 2.6。

表 2.6 各合金的成分控制标准

合金牌号	各元素含量/%							
	Si	Fe	Cu	Mn	Mg	Cr	Zn	其他
5052	≤0.15	0.25～0.35	≤0.10	≤0.10	2.30～2.70	0.15～0.35	≤0.10	—
5083	≤0.35	≤0.35	≤0.10	0.45～0.8	4.1～4.7	0.05～0.20	≤0.20	—
Al 99.7	0.05	0.18	0.003	0.002	0.003	—	0.007	—

解：5052 切边和 5083 切边虽然具体成分未知，但是知道其牌号，所以可以按照最终成品合金的成分含量进行取值；而 Al99.7 的成分全部已知，所以直接取成分值；对于 5052 和 5083 铣屑的混料，按照两者间的最大值取值，最后各炉料的配料值见表 2.7。

表 2.7 各炉料的配料值

炉料种类	各元素含量/%							
	Si	Fe	Cu	Mn	Mg	Cr	Zn	其他
5052 切边	0.15	0.29	0.10	0.10	2.5	0.18	0.10	0
5083 切边	0.35	0.35	0.10	0.6	4.55	0.08	0.20	0
Al99.7	0.05	0.18	0.003	0.002	0.003	0	0.007	0
5052 和 5083 铣屑混料	0.35	0.35	0.10	0.6	4.55	0.18	0.20	0

2.2.3 各炉料组成及配料比的确定

前文详细讲解了配料计算的前期准备工作，至此进入其核心计算环节——各炉料组成及配料比的确定，其基本流程如图 2.2 所示。

图 2.2 确定各炉料组成及配料比的基本流程

2.2.3.1 搭料

把选择炉料的种类以及确定其质量的过程称为炉料的搭配，简称搭料。在满足工艺标准的前提下，应尽可能地提高废料使用比例，从而降低产品成本。

搭料时，一般应遵循如下原则：

（1）各级炉料应按照各单位“工艺控制规程”规定的比例进行搭配，保证成品的质量符合工艺标准（表 2.8 列出了部分合金配料时各级炉料的使用规定）；

（2）原则上应先确定新铝的质量；

（3）尽可能地提高废料使用比例；

（4）不易堆放的废料优先使用，尽量保证料场的整洁、整齐；

（5）如果投料方式是从炉顶直接倾泻投料，则应考虑废料对炉底的撞击损坏作用，这时应该搭配切边、铝卷等具有缓冲作用的炉料。

表 2.8 部分合金配料时各级炉料的使用规定

合金牌号	制品	各级炉料使用比例/%			
		新铝	铣屑	二级	复化料
1050、1060、1070、1100、1145	板、带	50～100	10	25	15
3003、3005、3105	板、带	30～100	20	45	15
3004、3104	板、带	50～100	10	15	25
5052	板、带	30～100	20	15	25
5A02、5A03、5005	板、带	30～100	20	35	25
5A05、5050、5083、5086、5454、5456、5754	板、带	40～100	20	25	25
5182	板、带	50～100	10	15	25
6061、6082	板、带	40～100	20	25	25
8011、8079	板、带	50～100	10	15	25

2.2.3.2 调料及杂质验算

搭料完毕后，对于最后剩余的那种废料（或新铝）以及中间合金质量将无法人为地搭配，需要用数学的方法计算出来，该过程称为炉料的调配，简称调料。

经过调料后，所有的炉料质量就已经全部确定。最后，将进一步验算杂质含量是否超标。如果杂质含量未超标，则整个配料计算环节完毕，否则需重新确定各炉料组成及配料比。

根据调料的数学计算方法，将配料计算分为表格法和解线性方程组法。下面分别介绍这两种方法的配料计算过程。

A 表格法

表格法，其整个迭代计算过程均在表格中进行，其计算的基本流程如图 2.3 所示。

一般地，设成品合金为 A，配料量为 $Q_{实际}$，搭料用的炉料为 B_1、B_2、B_3、…、B_n，调料用的炉料为 C 以及中间合金 D_1、D_2、D_3、…、D_k（假设具有 k 种主元素）。那么其迭代计算过程为：

（1）确定配料值。根据中值原则及最大值原则，确定配料值。

（2）搭料。根据搭料的相关原则，尝试取炉料 B_1、B_2、B_3、…、B_n 的质量分别为 m_{B_1}、m_{B_2}、m_{B_3}、…、m_{B_n}。

（3）第一次迭代计算：

1）计算出成品合金中各主元素的含量和还差的炉料质量 $m_{差} = Q_{实际} - \sum_{i=1}^{n} m_{B_i}$；计算出用来搭料的炉料 B_1、B_2、B_3、…、B_n 中各主元素的含量；

2）假设用来调配的炉料 C 的质量为 $m_{差}$，计算出需补入的主元素质量，并折算成相应的中间合金质量 m_{D_1}、m_{D_2}、m_{D_3}、…、m_{D_k}，其总质量 $\sum_{i=1}^{k} m_{D_i}$ 记为 m_1。

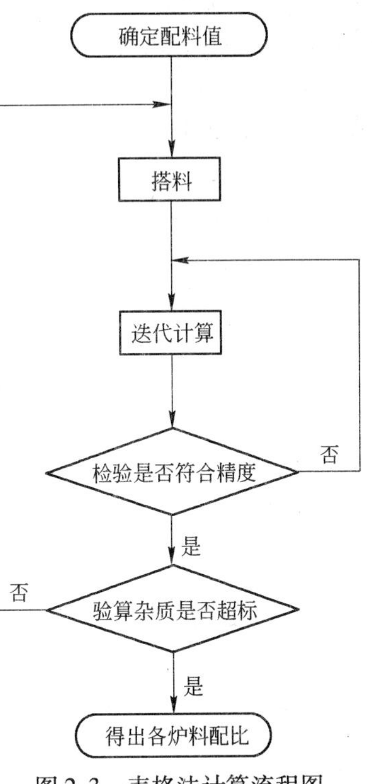

图 2.3　表格法计算流程图

（4）检验是否符合精度。如果符合则迭代计算完毕，其配料比确定如下：炉料 B_1、B_2、B_3、…、B_n 的质量分别为 m_{B_1}、m_{B_2}、m_{B_3}、…、m_{B_n}；炉料 C 的质量为 $m_{差}$；中间合金 D_1、D_2、D_3、…、D_k 的质量分别为 m_{D_1}、m_{D_2}、m_{D_3}、…、m_{D_k}。

否则进行下面第（5）步骤，再次调料。

（5）第二次迭代计算。假设用来调配的炉料 C 的质量为 $m_{差} - m_1$，计算出需补入的主元素质量，并折算成相应的中间合金质量 m'_{D_1}、m'_{D_2}、m'_{D_3}、…、m'_{D_k}，其总质量 $\sum_{i=1}^{k} m'_{D_i}$ 记为 m_2。

（6）检验是否符合精度。如果符合则迭代计算完毕，其配料比确定如下：炉料 B_1、B_2、B_3、…、B_n 的质量分别为 m_{B_1}、m_{B_2}、m_{B_3}、…、m_{B_n}；炉料 C 的质量为 $m_{差} - m_1$；中间合金 D_1、D_2、D_3、…、D_k 的质量分别为 m'_{D_1}、m'_{D_2}、m'_{D_3}、…、m'_{D_k}。

否则进行下面第（7）步骤，再次调料。

（7）第三次迭代计算。假设用来调配的炉料 C 的质量为 $m_{差} - m_2$，计算出需补入的主元素质量，并折算成相应的中间合金质量 m''_{D_1}、m''_{D_2}、m''_{D_3}、…、m''_{D_k}，其总质量 $\sum_{i=1}^{k} m''_{D_i}$ 记为 m_3。

⋮

（n）最后检验杂质含量是否超标。如果未超标则配料计算完毕，否则需要重新搭料，重复以上步骤。

迭代次数根据对产品的精度要求而定，精度越高，迭代次数就越多，一般迭代次数不超过 3 次就能迅速计算出配料比。

【例 2.3】 欲在 30t 顶开式天然气火焰炉中熔炼 25500kg 5052 合金，现有铝水 3 包（3500kg/包）、5754 头尾 2000kg、5052 铣屑 2075kg、5052 放干料 2000kg、5052 头尾 4500kg，5052 切边若干、Al－Fe 合金若干、Al－Cr 合金若干及镁锭若干，计算需要配多少 5052 切边、Al－Fe 合金、Al－Cr 合金及镁锭（结果四舍五入到整数位，各合金的成分控制标准见表 2.9）。

表 2.9 各合金的成分控制标准

合金种类	各元素含量/%							
	Si	Fe	Cu	Mn	Mg	Cr	Zn	其他
铝水	≤0.04	≤0.15	—	—	—	—	—	—
5052	≤0.15	0.25～0.35	≤0.10	≤0.10	2.30～2.70	0.15～0.35	≤0.10	—
5754	≤0.1	≤0.3	≤0.10	0.24～0.3	2.7～3.0	≤0.15	≤0.05	—
Al－Fe 合金	—	20	—	2	—	—	—	—
Al－Cr 合金	—	—	—	—	—	4	—	—
镁锭	—	—	—	—	100	—	—	—

解：采取表格法进行配料计算，其步骤如下：

（1）根据最大值原则和中值原则确定成品合金及各炉料配料值，见表 2.10。

表 2.10 成品合金及各炉料的配料值

名 称	各元素含量/%							
	Si	Fe	Cu	Mn	Mg	Cr	Zn	其他
5052 成品	0.15	0.29	0.10	0.10	2.55	0.18	0.10	0
铝水	0.04	0.15	0	0	0	0	0	0
5754 头尾	0.1	0.3	0.10	0.27	2.9	0.15	0.05	0
5052 铣屑	0.15	0.29	0.10	0.10	2.5	0.18	0.10	0
5052 放干料	0.15	0.29	0.10	0.10	2.5	0.18	0.10	0
5052 头尾	0.15	0.29	0.10	0.10	2.5	0.18	0.10	0
5052 切边	0.15	0.29	0.10	0.10	2.5	0.18	0.10	0
Al－Fe 合金	0	20	0	2	0	0	0	0
Al－Cr 合金	0	0	0	0	0	4	0	0
镁锭	0	0	0	0	100	0	0	0

（2）计算出成品合金和已确定炉料中的各主元素含量以及还差的炉料质量，见表 2.11。

表 2.11 成品合金和已确定炉料中的各主元素含量

名 称	质量/kg	各主元素含量/kg		
		Fe	Mg	Cr
5052 成品	25500	74.0	650.3	45.9
铝水	10500	15.8	0	0
5754 头尾	2000	6.0	58.0	3.0
5052 铣屑	2075	6.0	51.9	3.7
5052 放干料	2000	5.8	50.0	3.6
5052 头尾	4500	13.1	112.5	8.1
还差的炉料	4425	27.3	377.9	27.5

(3) 对剩余质量进行迭代计算。

1) 令 5052 切边的质量为 4425kg，则其计算见表 2.12。

表 2.12 第一次迭代计算

名 称	质量/kg	各主元素含量/kg		
		Fe	Mg	Cr
还差的主元素质量	—	27.3	377.9	27.5
5052 切边	4425	12.8	110.6	8.0
主元素的补入量	—	14.5	267.3	19.5
需要补入的中间合金	—	↓	↓	↓
		72.5	267.3	487.5
		Al - Fe 合金	镁锭	Al - Cr 合金

一般取精度 $\Delta = \pm 100$kg，此时精度 $|(4425 + 72.5 + 267.3 + 487.5) - 4425| = 827.3 > \Delta$，可见计算结果偏大，故需再次估算。

2) 令 5052 切边的质量为 $4425 - (72.5 + 267.3 + 487.5) = 3597.7$kg，则其计算见表 2.13。

表 2.13 第二次迭代计算

名 称	质量/kg	各主元素含量/kg		
		Fe	Mg	Cr
还差的主元素质量	—	27.3	377.9	27.5
5052 切边	3597.7	10.4	89.9	6.5
主元素的补入量	—	16.9	288.0	21.0
需要补入的中间合金	—	↓	↓	↓
		84.5	288.0	525.0
		Al - Fe 合金	镁锭	Al - Cr 合金

此时精度 $|(3597.7+84.5+288.0+525.0)-4425|=70.2<|\Delta|$，计算结果满足精度要求，至此迭代计算完毕。

当然，如果把精度控制到 $\Delta=\pm 50$kg，则还需要进行如下第三次迭代计算。

3）令5052切边的质量为 4425 −(84.5 +288.0 +525.0) =3527.5kg，则其计算见表2.14。

表2.14　第三次迭代计算

名　称	质量/kg	各主元素含量/kg		
		Fe	Mg	Cr
还差的主元素质量	—	27.3	377.9	27.5
5052 切边	3527.5	10.2	88.2	6.3
主元素的补入量	—	17.1	289.7	21.2
需要补入的中间合金	—	↓	↓	↓
		85.5	289.7	530.0
		Al − Fe 合金	镁锭	Al − Cr 合金

此时精度 $|(3527.5+85.5+289.7+530.0)-4425|=7.7<|\Delta|$，计算结果满足精度要求。

（4）最后，验算杂质是否超标。对精度 $\Delta=\pm 50$kg 的计算结果进行杂质验算，结果见表2.15阴影部分。

表2.15　配料计算结果

名称	质量/kg	各元素含量/kg							
		Si	Fe	Cu	Mn	Mg	Cr	Zn	其他
5052 成品	25500	≤38.3	74.0	≤25.5	≤25.5	650.3	45.9	≤25.5	0
铝水	10500	4.2	15.8	0	0	0	0	0	0
5754 头尾	2000	2.0	6.0	2.0	5.4	58	3.0	1.0	0
5052 铣屑	2075	3.1	6.0	2.1	2.1	51.9	3.7	2.1	0
5052 放干料	2000	3.0	5.8	2.0	2.0	50	3.6	2.0	0
5052 头尾	4500	6.8	13.1	4.5	4.5	112.5	8.1	4.5	0
5052 切边	3528	5.3	10.2	3.5	3.5	88.2	6.4	3.5	0
Al − Fe 合金	86	0	17.2	0	1.7	0	0	0	0
镁锭	290	0	0	0	0	290	0	0	0
Al − Cr 合金	530	0	0	0	0	0	21.2	0	0
剩余杂质质量		13.9		14.4	6.3			12.4	0

可见杂质均没有超标。最后四舍五入到个位，即需要配5052切边3528kg、

Al－Fe 中间合金 86kg、镁锭 290kg、Al－Cr 中间合金 530kg。

采用表格法进行调料计算时，应注意以下两点：

（1）如果中间合金含有多种成品合金的主元素，一般可忽略掉含量相对较低的成分；如果含量过高而无法忽略掉时，则必须予以保留。

（2）计算补入的中间合金质量时，应先计算含有较多元素的中间合金的质量，再计算含有较少元素的中间合金的质量，最后计算含有单一元素的中间合金的质量。

【例 2.4】 在例 2.3 第一次迭代计算时，如果各中间合金的配料值如表 2.16 所示（只列出了对应于成品合金中主元素的含量），试计算需补入的中间合金质量。

表 2.16 各中间合金的配料值

名 称	各元素含量/%		
	Fe	Mg	Cr
Al－Fe 合金	20	0.03	0.01
Al－Cr 合金	1	2	4
镁 锭	0	100	0

分析： 中间合金在配制过程中，由于种种原因（合金转组时没有洗炉或洗炉不彻底，炉料本身混入了其他杂质等），导致成分复杂。此时，如果元素含量很低，则一般可以忽略掉其含量。

在表 2.16 中，由于 Al－Fe 合金中 Mg、Cr 的含量相对于 Fe 的含量很低，因此其含量可以忽略；而 Al－Cr 合金中 Fe、Mg 的含量相对于 Cr 的含量都不是很低，所以无法忽略。

解： 分析可知，各中间合金的配料值重新调整为表 2.17 所示。

表 2.17 调整后的各中间合金的配料值

名 称	各元素含量/%		
	Fe	Mg	Cr
Al－Fe 合金	20	0	0
Al－Cr 合金	1	2	4
镁 锭	0	100	0

由例 2.3 可知，第一次迭代计算过程中，各主元素的补入量分别为 Fe：14.5kg，Mg：267.3kg，Cr：19.5kg。

（1）计算含有多种元素的 Al－Cr 中间合金的质量，则有：

$$m_{Al-Cr}=\frac{19.5}{4\%}=487.5\ (kg)$$

（2）计算含有单一元素的镁锭和 Al－Fe 中间合金的质量，则有：

$$m_{Mg}=\frac{267.3-2\% m_{Al-Cr}}{100\%}=\frac{267.3-2\%\times 487.5}{100\%}=257.6\ (kg)$$

$$m_{Al-Fe}=\frac{14.5-1\% m_{Al-Cr}}{20\%}=\frac{14.5-1\%\times 487.5}{20\%}=48.1\ (kg)$$

（3）四舍五入到个位，则各中间合金的补入量为：Al－Fe 中间合金 48kg，镁锭 258kg，Al－Cr 中间合金 488kg。

说明：如果例 2.4 中 Al－Fe 中间合金中 Cr 的含量无法忽略掉，则必须建立一个方程组才可解出各自的质量，也就是说此时表格法失效。

表格法的计算速度是比较快的（相比于其他手工计算方法），不失为一种简洁方便的手工配料计算方法。

但当成品合金的成分含量较窄或主元素个数较多时，表格法就显得比较繁琐而费时，甚至对于某些特殊情况（如中间合金成分含量较复杂），表格法将失效，这就需要通过“解线性方程组法”来彻底解决这些问题。

B 解线性方程组法

配料计算可以转化为解一个 n 阶线性方程组，不过一般铝合金的主元素较多，所以方程组的阶较高（可达 8 阶或更高）。其方程组阶数 n 可由下式确定：

$$n=\text{主元素个数}+1$$

解线性方程组法进行配料计算的基本原理是：

（1）各炉料的质量总和等于实际配料量；

（2）各炉料中所含的成品合金的主元素的质量总和等于成品合金中主元素的要求质量；

（3）各炉料中所含的成品合金的杂质元素的质量总和不大于成品合金中杂质元素的最大含量。

设成品合金为 A，其实际配料量为 $Q_{实际}$，其中主元素分别为 α_1、α_2、α_3、…、α_k，杂质元素分别为 β_1、β_2、β_3、…、β_l；搭料用的炉料有 B_1、B_2、B_3、…、B_n，调料用的炉料为 C 以及中间合金 D_1、D_2、D_3、…、D_k，则有：

$$\begin{cases}\sum_{i=1}^{n} m_{B_i}+m_C+\sum_{i=1}^{k} m_{D_i}=Q_{实际}\\ \sum_{i=1}^{n} m_{B_i}\omega_{B_i(\alpha_j)}+m_C\omega_{C(\alpha_j)}+\sum_{i=1}^{k} m_{D_i}\omega_{D_i(\alpha_j)}=Q_{实际}\omega_{A(\alpha_j)}\Big|_{j=1,2,3,\cdots,k}\end{cases} \tag{2.3}$$

$$\text{s.t.}\ \sum_{i=1}^{n} m_{B_i}\omega_{B_i(\beta_j)}+m_C\omega_{C(\beta_j)}+\sum_{i=1}^{k} m_{D_i}\omega_{D_i(\beta_j)}\leqslant Q_{实际}\omega_{A(\beta_j)}\Big|_{j=1,2,3,\cdots,l} \tag{2.4}$$

式中 ω——元素的质量分数。

其中式（2.3）用于调料计算，式（2.4）用于杂质验算。

【例 2.5】试对例 2.3 采用解线性方程组法重新进行配料计算。

解：采用解线性方程组法，计算过程如下：

（1）确定未知数个数。由于 5052 合金中含有的主元素为 Fe、Mg、Cr，共三个主元素，因此未知数个数为 3 + 1 = 4。设需要 5052 切边、Al – Fe、Mg 及 Al – Cr 的质量分别为 m_1、m_2、m_3、m_4。

（2）列出线性方程组：

$$\begin{cases} 0.15\% \times 10500 + 0.3\% \times 2000 + 0.29\% \times (2075 + 2000 + 4500 + m_1) + \\ 20\% \times m_2 = 0.29\% \times 25500 \\ 2.9\% \times 2000 + 2.5\% \times (2075 + 2000 + 4500 + m_1) + 100\% \times m_3 = \\ 2.55\% \times 25500 \\ 0.15\% \times 2000 + 0.18\% \times (2075 + 2000 + 4500 + m_1) + 4\% \times m_4 = \\ 0.18\% \times 25500 \\ 10500 + 2000 + 2075 + 2000 + 4500 + m_1 + m_2 + m_3 + m_4 = 25500 \end{cases}$$

化简得到：

$$\begin{cases} 0.29\% \times m_1 + 20\% \times m_2 + 0 \times m_3 + 0 \times m_4 = 27.3 \\ 2.5\% \times m_1 + 0 \times m_2 + 100\% \times m_3 + 0 \times m_4 = 377.9 \\ 0.18\% \times m_1 + 0 \times m_2 + 0 \times m_3 + 4\% \times m_4 = 27.5 \\ m_1 + m_2 + m_3 + m_4 = 4425 \end{cases}$$

（3）解线性方程组。根据步骤（2）中得到的方程组，不难得到其增广矩阵为：

$$\left[\begin{array}{cccc|c} 0.29\% & 20\% & 0 & 0 & 27.3 \\ 2.5\% & 0 & 100\% & 0 & 377.9 \\ 0.18\% & 0 & 0 & 4\% & 27.5 \\ 1 & 1 & 1 & 1 & 4425 \end{array}\right]$$

运用矩阵初等变换转化为如下阶梯型矩阵：

$$\left[\begin{array}{cccc|c} 1 & 0 & 0 & 0 & 3521 \\ 0 & 1 & 0 & 0 & 86 \\ 0 & 0 & 1 & 0 & 290 \\ 0 & 0 & 0 & 1 & 528 \end{array}\right] \Rightarrow \begin{cases} m_1 = 3521 \\ m_2 = 86 \\ m_3 = 290 \\ m_4 = 528 \end{cases}$$

即需要 5052 切边 3521kg、Al – Fe 中间合金 86kg、镁锭 290kg、Al – Cr 中间合金 528kg。

（4）杂质验算：

Si：$0.04\% \times 10500 + 0.1\% \times 2000 + 0.15\% \times (2075 + 2000 + 4500 + 3521)$

$=12\leqslant 0.15\%\times 25500=38.3$

Cu：$0.1\%\times(2000+2075+2000+4500+3521)=14.1\leqslant 0.1\%\times 25500=25.5$

Mn：$0.27\%\times 2000+0.1\%\times(2075+2000+4500+3521)+2\%\times 86=19.2\leqslant 0.1\%\times 25500=25.5$

Zn：$0.05\%\times 2000+0.1\%\times(2075+2000+4500+3521)=13.1\leqslant 0.1\%\times 25500=25.5$

其他杂质：不需要验算。

经以上验算，所有杂质均未超标。

对于例 2.5 中第（3）步——解线性方程组，如果方程的阶比较低的时候（一般不超过 2 阶），可以运用加减消元法或代入消元法进行方程组的求解。但当阶数高于 2 阶的时候，一般运用矩阵的初等变换进行方程组的求解，常常有全主元高斯－约当消元法、LU 分解法、松弛迭代法等多种方法。

C　两种方法的对比

对比以上两种计算方法，不难发现，表格法的计算速度是比较快的，但精度往往不高；而解线性方程组法，虽然其计算速度比较慢而繁琐，但精度很高。

表格法一般适用于手工配料计算，而解线性方程组法由于便于程式化操作，因此更适用于计算机自动配料计算。随着计算机技术的普及和发展，解线性方程组法今后将逐步取代表格法。基于解线性方程组法，笔者独自开发了一套适合于铝合金行业的配料计算系统，在 2.5 节将对其作简单介绍。

2.2.4 特殊情况

2.2.4.1 杂质验算

前面讲到的杂质验算主要是针对单一杂质元素的最大含量进行验算，而在实际生产中还会遇到以下三种情况：

（1）某两种元素含量的总和要限定在一定的范围。如国标对 5754 有 0.10～0.6（Mn + Cr）的要求，即表示 Mn 和 Cr 的含量总和应控制在 0.15%～0.6%，写成数学表达式为：$0.15\%\leqslant\omega_{Mn+Cr}\leqslant 0.6\%$。

（2）某两种元素含量的差值要限定在一定的范围。根据长期生产实践统计，当 Fe 大于 Si 0.05% 以上时，就可以使某些合金的裂纹倾向性大大降低。如某些厂家内控标准对 2024 有“Fe≥Si 0.05”的要求，即表示 Fe 含量至少要比 Si 含量多 0.05%，写成数学表达式为：$\omega_{Fe-Si}\geqslant 0.05\%$。

（3）某杂质含量不能低于某一数值（极少地出现在一些厂家的内控标准中）。当合金有以上或其他要求时，在验算的环节必须对此进行验算。

2.2.4.2 合金转组

在铝合金生产过程中，当由合金 A 转而生产另一种合金 B 时，称做合金转组（表2.18列出了一些合金的转组规定）。

表2.18　一些合金的转组规定

上炉次生产的合金	下炉次生产的合金	是否洗炉
1×××系	所有合金	
3×××系	1×××系、8011、8079	√
5×××系	1×××系、3003、8011、8079	√
6061、6082	1×××系、5×××系、3003、3004、3104、8011、8079	√
除1×××系以外的所有合金	高精铝合金	√

当合金转组不洗炉时（即直接生产合金B），此时一定要注意增减中间合金，避免元素成分不足或超标。

具体操作步骤如下：

（1）按照正常的配料计算流程完成配料计算；

（2）估计出炉内的残余铝水量，并计算出相应的元素质量，对配料用的中间合金进行调整。

【例2.6】 已知上一炉生产的是5052合金，炉内残余铝水量约为3000kg；现准备生产6061合金25000kg，问需要增减多少中间合金？各合金配料值见表2.19。

表2.19　各合金配料值

合金种类	各元素含量/%							
	Si	Fe	Cu	Mn	Mg	Cr	Zn	其他
5052	0.15	0.3	0.10	0.10	2.55	0.18	0.10	0
6061	0.6	0.3	0.25	0.10	1.05	0.18	0.20	0
Al－Si	21	0	0	0	0	0	0	0
Al－Fe	0	20	0	2	0	0	0	0
Cu	0	0	100	0	0	0	0	0
Mg	0	0	0	0	100	0	0	0
Al－Cr	0	0	0	0	0	4	0	0

解： 由5052合金转6061合金可以不洗炉。考虑6061合金中的主要元素Si、Fe、Cu、Mg、Cr，则有：

$$m_{Al-Si}=\frac{3000\times(0.6-0.15)}{21}\approx 64\ (kg)$$

$$m_{Cu}=\frac{3000\times(0.25-0.10)}{100}=4.5\ (kg)$$

$$m_{Mg} = \frac{3000 \times (1.05 - 2.55)}{100} = -45 \text{ (kg)}$$

即需要添加 Al－Si 中间合金 64kg，纯铜 4.5kg，减少镁锭 45kg，Al－Fe 和 Al－Cr中间合金不需要调整。

2.3 炉料的调整

2.3.1 换料

考虑到产品成本，原则上应尽量使用铝水、废料，但在实际生产中有时废料已经用完，也不能预计下一批废料的来料时间，这时就需配纯铝锭（常用Al99.7）。当下一批废料运来后，且配好的炉料还未投料，这时就可以把生产卡片上的纯铝锭换成允许加入的废料。换料后主要涉及中间合金的加减问题。

换料过程中应注意以下几点：

（1）应用相同质量的炉料来调换纯铝锭，保证总投料量不变；

（2）一般忽略换料后中间合金的质量变化对总投料量的影响；

（3）换料后要保证各主元素及杂质元素均在控制标准范围内。

设成品合金中主元素为 x，被换的炉料为 A，换料用的炉料为 B，换料量为 Q，则中间合金 C 的加减量按照如下公式计算：

$$m = Q\frac{a - b}{c} \tag{2.5}$$

式中 Q——换料量，kg；

a——被换炉料 A 中 x 的含量，%；

b——换料用炉料 B 中 x 的含量，%；

c——中间合金 C 中 x 的含量，%。

式（2.5）中，计算结果如果为正，表示需要添加中间合金；如果为负，则表示需要减少中间合金。

【例 2.7】已知正在生产 5052 合金，现欲把生产卡片上的 2200kg Al99.7 换成 2200kg 5052 切边，则需要减多少中间合金？各炉料的成分控制标准见表 2.20。

表 2.20 各炉料的成分控制标准

炉料种类	各元素含量/%							
	Si	Fe	Cu	Mn	Mg	Cr	Zn	其他
Al99.7	≤0.08	≤0.15	—	—	—	—	—	—
5052 切边	≤0.15	0.25～0.35	≤0.10	≤0.10	2.30～2.70	0.15～0.35	≤0.10	—

解：由表 2.20 可知 Al99.7 中含的 Fe、Mg、Cr 分别为 0.15%、0、0，5052

切边中主元素 Fe、Mg、Cr 含量以中值原则取值为 0.29%、2.5%、0.18%，显然 5052 切边中 Fe、Mg、Cr 含量均比 Al99.7 要高，则应减少 Al-Fe、Mg、Al-Cr 中间合金的用量，减少的质量分别为：

$$m_{Al-Fe}=\frac{2200\times(0.29\%-0.15\%)}{20\%}\approx 15\ (kg)$$

$$m_{Mg}=\frac{2200\times(2.5\%-0)}{100\%}=55\ (kg)$$

$$m_{Al-Cr}=\frac{2200\times(0.18\%-0)}{4\%}=99\ (kg)$$

2.3.2 减料

在实际生产中，由于某些原因造成上一炉次的炉内剩余炉料量过多，如果不及时减少投料量，则可能会使炉内的实际投料量超过炉子的最大炉容，当炉料全部熔化成铝水后会溢出炉门而造成安全事故，因此此时需要减少投放的炉料。

考虑到减少炉料后成分的变化，所以需要及时调整合金元素的含量，一般采用加减中间合金的方法。

减料过程中应注意以下几点：

（1）应事先估计下炉内剩余的炉料量，然后减少相应质量的欲投放炉料；

（2）一般先减同种合金牌号的废料，如生产 5052 合金，则应先减 5052 牌号的废料，这样可以避免再去调整中间合金；

（3）在减料的过程中应综合考虑各级废料的搭配比例，如不要只减少三级废料，二级废料和一级废料也应纳入减料的考虑范畴；

（4）减料过程需考虑实际可操作性，如一般应尽量直接减去整框炉料，而避免从料框中减少一部分炉料。当本点与上面的第 3 点有冲突时，本点优先；

（5）减料后要注意杂质元素不要超标。

设成品合金中主要元素为 x，减少的炉料为 A，减料量为 Q，则中间合金 C 的加减量按照如下公式计算：

$$m=Q\frac{a-\omega^{\theta}}{c} \tag{2.6}$$

式中 Q——减料量，kg；

ω^{θ}——x 的配料值，%；

a——减少的炉料 A 中 x 的含量，%；

c——中间合金 C 中 x 的含量，%。

式（2.6）中，计算结果如果为正，表示需要添加中间合金；如果为负，则表示需要减少中间合金。

【例 2.8】 某次生产 5052 合金过程中，炉内剩余约 2000kg 的铝水，问需减少多少炉料？如何调整中间合金？该次生产的配料情况见表 2. 21。

表 2. 21 某次生产的配料情况

炉料种类	质量/kg	各元素的配料值/%							
		Si	Fe	Cu	Mn	Mg	Cr	Zn	其他
5052 成品	25500	0. 15	0. 29	0. 10	0. 10	2. 55	0. 18	0. 10	—
铝水	10500	0. 04	0. 15	—	—	—	—	—	—
5754 头尾	2000	0. 1	0. 3	0. 10	0. 27	2. 9	0. 15	0. 05	—
5052 铣屑	2075	0. 15	0. 29	0. 10	0. 10	2. 5	0. 18	0. 10	—
5052 放干料	2000	0. 15	0. 29	0. 10	0. 10	2. 5	0. 18	0. 10	—
5052 头尾	4500	0. 15	0. 29	0. 10	0. 10	2. 5	0. 18	0. 10	—
5052 切边	3528	0. 15	0. 29	0. 10	0. 10	2. 5	0. 18	0. 10	—
Al - Fe 合金	86	—	20	—	2	—	—	—	—
镁锭	290	—	—	—	—	100	—	—	—
Al - Cr 合金	530	—	—	—	—	—	4	—	—

解：由于炉内剩余约 2000kg 的铝水，因此应减少 2000kg 的炉料。

分析表 2. 21 不难得到应该减少 5052 牌号的废料。由于 5052 切边和 5052 头尾的配料量都大于减料量，且都不方便从料框里取出，而 5052 放干料减少后虽然会降低废料比例，但质量刚好和减料量吻合，即可操作性比较强。

综上，最后选择把 5052 放干料全部减去。由于减少的是同牌号的废料，因此各中间合金无需进行调整。

2. 3. 3 加料

在实际生产中，由于某些原因使炉内实际炉料量过少，如果不及时添加新的炉料，将会使铸锭产品短尺，有可能造成几何废品，因此此时需要添加炉料。考虑到添加炉料后成分的变化因素，需要及时调整合金元素的含量（一般采用加减中间合金的方法）。加料和减料是一对互逆的过程，其计算过程和减料相似。

加料过程中应注意以下几点：

（1）应先估计炉内所差的铝水量，然后添加相应质量的炉料。

（2）原则上只允许添加以下炉料。

1）同种合金牌号的废料，如生产 5754 合金，则可添加 5754 切头、铣屑等废料，这样可以避免再去加减中间合金；

2）新铝（包括电解纯铝水、纯铝锭等）和中间合金；

3）1 × × × 系合金废料和中间合金；

（3）在加料的过程中应综合考虑各级废料的搭配比例。

（4）加料后要注意杂质元素不要超标。

不妨设成品合金中主要元素为 x，添加的炉料为 A，加料量为 Q，则中间合金 C 的加减量按照如下公式计算：

$$m = Q\frac{\omega^{\theta} - a}{c} \tag{2.7}$$

式中 Q——加料量，kg；

ω^{θ}——x 的配料值,%；

a——添加的炉料 A 中 x 的含量,%；

c——中间合金 C 中 x 的含量,%。

式（2.7）中，计算结果如果为正值，表示需要添加中间合金；如果为负值，则表示需要减少中间合金。

式（2.7）适合于只添加一种炉料（不含中间合金）的情况。如果添加的炉料有两种或两种以上（不含中间合金），则一般不建议采用式（2.7）进行加料计算，此时需重新进行配料计算。

【例 2.9】 某次生产 5754 合金过程中，炉内约差 2000kg 的铝水，现场有 5754 头尾、Al99.7 铝锭、Al－Mn 中间合金、镁锭若干，需如何加料？各合金的成分含量见表 2.22。

表 2.22 各合金的成分含量

名称		各元素的含量/%							
		Si	Fe	Cu	Mn	Mg	Cr	Zn	其他
5754	控制标准	≤0.25	≤0.35	≤0.10	0.15～0.40	2.80～3.30	≤0.20	≤0.15	—
	配料值	0.25	0.35	0.10	0.25	3.1	0.20	0.15	—
Al99.7	实际含量	0.05	0.18	—	—	—	—	—	—
Al－Mn	实际含量	—	—	—	14	—	—	—	—
Mg	实际含量	—	—	—	—	100	—	—	—

解： 由题可得，有两种方案供选择：

（1）直接添加 2000kg 的 5754 头尾，由于添加的是同种合金，因此此时不需要加减中间合金。

（2）添加 2000kg 的 Al99.7 铝锭，此时需要添加中间合金，各质量依次为：

$$m_{Al-Mn} = \frac{2000 \times 0.25}{14} \approx 36\ (kg)$$

$$m_{Mg} = \frac{2000 \times 3.1}{100} = 62\ (kg)$$

不过在 5754 废料充足的时候，应优先选择第一种方案。

2.4 化学成分调整

2.4.1 补料计算

当炉前快速分析结果低于实际控制标准时，需要进行补料操作，使合金的化学成分升至标准范围之内，与之相关的计算称做补料计算。

补料过程需要注意以下几点：

（1）一般只对主元素进行补料操作，有时某些合金对杂质元素含量有控制要求，此时也需对杂质元素进行补料操作；

（2）补料用的炉料一般选用各元素对应的中间合金或纯金属，例如 Cr 采用 Al－Cr 中间合金，Cu 采用 Al－Cu 中间合金或纯铜等；

（3）一般只在熔炼炉中进行补料操作，但对于烧损率比较大的元素（比如 Mg），有时会在静置炉内进行二次补料操作；

（4）一般忽略补料后中间合金的质量变化对总投料量的影响。

设成分偏低的元素为 x（一般为主元素），补料所加炉料质量为 m，则一般可以按照下式近似的计算出补料量，然后予以核算：

$$m = \frac{Q(\omega^{\theta} - \omega) + (C_1 + C_2 + \cdots)\omega^{\theta}}{b - \omega^{\theta}} \tag{2.8}$$

式中 Q——熔炼炉（或静置炉）内铝水质量，kg；

ω^{θ}——x 的要求含量（一般为其配料值），%；

ω——熔炼炉（或静置炉）中 x 的炉前分析值（此时成分偏低），%；

C_1，C_2，…——其他金属或中间合金的加入量，kg；

b——补料用炉料中 x 的含量（一般比配料值 ω^{θ} 大得多），%。

补料的时候，由于熔炼炉中总的投料量增加了，因此会降低其他合金元素的含量（即冲淡了其他合金元素的含量）。当补料量较大的时候，需特别考虑。

2.4.1.1 单个元素成分偏低的补料计算

【例 2.10】 现熔炼 22000kg 5052 普料，问需补多少中间合金？各合金的成分含量见表 2.23。

表 2.23 各合金的成分含量

名称		各元素含量/%							
		Si	Fe	Cu	Mn	Mg	Cr	Zn	其他
5052	炉前成分	0.09	0.21	0.01	0.07	2.5	0.18	0.01	—
	控制标准	≤0.15	0.25～0.35	≤0.10	≤0.10	2.30～2.70	0.15～0.35	≤0.10	—
Al－Fe	实际含量	—	20	—	2	—	—	—	—

解：分析可知 Fe 成分偏低，所以需要补 Al－Fe 合金。

取 5052 普料中 Fe 的要求含量 ω_{Fe}^{θ}为 0.29%，那么：

$$m_{Al-Fe}=\frac{22000\times(0.29-0.21)}{20-0.29}\approx 89\ (kg)$$

最后，来核算主元素 Mg 和 Cr 的成分含量：

$$\omega_{Mg}=\frac{22000\times 2.5\%}{22000+89}\approx 2.49\%$$

$$\omega_{Cr}=\frac{22000\times 0.18\%}{22000+89}\approx 0.179\%$$

显然，Mg 和 Cr 都在控制标准范围内。

所以需要补 89kg Al－Fe 合金。

总结：通过上例可以看到补料产生的两个作用：

（1）使所补加的合金元素达到标准值；

（2）使其他合金成分有所降低（副作用），不过一般可以忽略不计。

2.4.1.2 多个元素成分偏低的补料计算

当有多个元素成分偏低时，为了使补料更加准确，应按照如下原则[2]进行计算：

（1）先计算量少的后计算量多的；

（2）先计算杂质元素后计算主元素；

（3）先计算低成分的中间合金，后计算高成分的中间合金；

（4）最后计算新铝。

【例 2.11】现熔炼 22000kg 5052 普料，炉前成分 Mg 为 2.10%，Fe 为 0.21%，各成分含量见表 2.24，问需补多少中间合金？

表 2.24 各合金的成分含量

名称		各元素含量/%							
		Si	Fe	Cu	Mn	Mg	Cr	Zn	其他
5052	炉前成分	0.09	0.21	0.01	0.07	2.1	0.18	0.01	—
	控制标准	≤0.15	0.25～0.35	≤0.10	≤0.10	2.30～2.70	0.15～0.35	≤0.10	—
Al－Fe	实际含量	—	20	—	2	—	—	—	—
Mg	实际含量	—	—	—	—	100	—	—	—

解：由于 Fe 和 Mg 成分都偏低，所以需要补 Al－Fe 中间合金和镁锭。

$$m_{Mg}=\frac{22000\times(2.5-2.1)}{100-2.5}\approx 90\ (kg)$$

$$m_{Al-Fe}=\frac{22000\times(0.29-0.21)+90\times 0.29}{20-0.29}\approx 91\ (kg)$$

最后，来核算主元素 Cr 的成分含量：

$$\omega_{Cr}=\frac{22000\times0.18\%}{22000+90+91}\approx0.179\%$$

显然在控制标准范围内，所以需要补 90kg 的镁锭和 91kg 的 Al - Fe 中间合金。

总结：在实际生产过程中，取样的均匀性，分析仪器的精确性等都会对补料的结果产生一定的影响，也就是说补料计算本身就是一个比较粗略的计算。所以，考虑到计算的简捷方便性，在实际生产中有时候可采用下式进行补料计算：

$$m=\frac{Q(\omega^{\theta}-\omega)+(C_1+C_2+\cdots)\omega^{\theta}}{b}$$

2.4.2 冲淡计算

当炉前快速分析结果高于实际控制标准时，需要进行冲淡操作，使合金的化学成分降至标准范围之内，与之相关的计算称做冲淡计算。

冲淡过程需要注意以下几点：

（1）杂质元素或主元素超标都需进行冲淡操作。

（2）冲淡用的炉料一般选用电解铝厂电解出的纯铝水或已经铸造成成品的纯铝锭，如 Al99.7，有时也可选用合金元素含量很低的 1××× 系铝合金。

（3）冲淡时，应考虑炉内铝水量与冲淡量的总和不能超过熔炼炉的最大炉容。

（4）一般只在熔炼炉中进行，但需注意以下三点：

1）在熔炼炉中成分没有超标，但是倒炉后，由于某些原因导致铝水在静置炉中超标，则需要在静置炉进行冲淡处理；

2）当成分超标过多，在熔炼炉中无法冲淡时，可倒炉一部分铝水进静置炉中，然后在熔炼炉和静置炉中同时冲淡；

3）如果在熔炼炉和静置炉中同时添加炉料都没法冲淡，则此时需考虑放废一部分铝水再冲淡，或者整炉放废、放弃冲淡。

设熔炼炉（或静置炉）中成分偏高的元素为 x，冲淡所加的炉料量为 m，则：

$$m=Q\frac{\omega-\omega^{\theta}}{\omega^{\theta}-b}\tag{2.9}$$

式中 Q——熔炼炉（或静置炉）内铝水质量，kg；

ω^{θ}——x 的要求含量，一般取 x 成分标准的上限值，%；

ω——熔炼炉（或静置炉）中 x 的炉前分析值（此时成分偏高），%；

b——冲淡用炉料中 x 的含量，%。

一般由于冲淡都用电解纯铝水或纯铝锭，不含其他元素（或者含量很少，可

以忽略不计)。因此公式可以进一步化简为:

$$m \approx Q \frac{\omega - \omega^{\theta}}{\omega^{\theta}} \tag{2.10}$$

和补料一样,冲淡后不但使超标元素含量降低了,而且也使其他元素含量都降低了,所以一般冲淡过后都要进行补料操作。

2.4.2.1 单个元素成分超标的冲淡计算

【例 2.12】 现熔炼 22000kg 5052 普料,炉前成分及控制标准见表 2.25,问需用多少质量的 Al99.7 进行冲淡?

表 2.25 各合金的成分含量

名称		各元素含量/%							
		Si	Fe	Cu	Mn	Mg	Cr	Zn	其他
5052	炉前成分	0.09	0.21	0.01	0.13	2.5	0.18	0.01	—
	控制标准	≤0.15	0.25 ~ 0.35	≤0.10	≤0.10	2.30 ~ 2.70	0.15 ~ 0.35	≤0.10	—
Al99.7	实际含量	0.05	0.18	0.003	0.002	0.003	—	0.007	—

解: 分析可知 Mn 成分偏高,所以需要对 Mn 进行冲淡处理。

由于 Al99.7 中 Mn 的含量可以忽略不计,所以采用式(2.10)进行冲淡计算。

按照把 Mn 冲淡到 0.09% 的要求执行,则有:

$$m \approx 22000 \times \frac{0.13 - 0.09}{0.09} \approx 9777 \text{ (kg)}$$

即需要添加 9777kg 的 Al99.7 进行冲淡。

2.4.2.2 多个元素成分超标的冲淡计算

【例 2.13】 在例 2.12 中,如果 Mg 也超标了(炉前分析值 $\omega_{Mg} = 2.72\%$),则此时应该添加多少质量的 Al99.7 进行冲淡?

解: 由于 Al99.7 中 Mn 和 Mg 的含量都可忽略不计,所以采用式(2.10)进行冲淡计算。

如果把 Mn 冲淡到 0.09%,则有:

$$m \approx 22000 \times \frac{0.13 - 0.09}{0.09} \approx 9777 \text{ (kg)}$$

如果把 Mg 冲淡到 2.65%,则有:

$$m \approx 22000 \times \frac{2.72 - 2.65}{2.65} \approx 581 \text{ (kg)}$$

取两者间的最大值 max(9777,581)=9777(kg),即需要添加 9777kg 的 Al99.7 进行冲淡。

在前面例 2.12 中只有一种元素超标,而在例 2.13 中有两种元素超标,一般当有多个化学元素超标的情况下,其冲淡量的确定方法为:先对超标的元素各自按照冲淡公式计算出冲淡量，然后取计算出的冲淡量的最大值为最终冲淡量。

2.4.3 杠杆原理

在讲杠杆原理之前，先推导下补料公式和冲淡公式。

首先对冲淡公式进行推导：设熔炼炉中元素 x 的含量偏高，其要求含量为 ω^{θ}，炉前分析值为 ω，熔炼炉内铝水量为 Q；冲淡用炉料中 x 的含量为 b，冲淡量为 m。

不妨把熔炼炉中的炉料看成两部分——Q 和 m，最终各部分的化学成分都完全一样。

Q 中 x 的减少量为 $Q(\omega - \omega^{\theta})$；$m$ 中 x 的增加量为 $m(\omega^{\theta} - b)$；由质量守恒得到：

$$Q(\omega - \omega^{\theta}) = m(\omega^{\theta} - b)$$

整理得：

$$m = Q\frac{\omega - \omega^{\theta}}{\omega^{\theta} - b} \approx Q\frac{\omega - \omega^{\theta}}{\omega^{\theta}}$$

这就是之前讲到的冲淡公式。

对于冲淡公式，我们可以采用如图 2.4 所示的形式加以深刻理解和记忆。

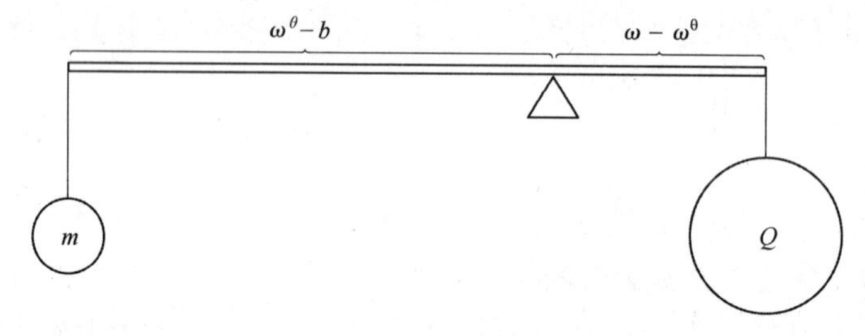

图 2.4 冲淡中杠杆原理示意图

说明：在图 2.4 中，杠杆表示成分含量（从左到右依次增大），杠杆的左端为冲淡用炉料中元素 x 的含量 b，右端为炉内铝水中 x 的含量 ω，杠杆的支点为炉内铝水中 x 的要求含量 ω^{θ}，则根据杠杆平衡条件即可得到：$m(\omega^{\theta} - b) = Q(\omega - \omega^{\theta})$，即：

$$m = Q\frac{\omega - \omega^{\theta}}{\omega^{\theta} - b} \approx Q\frac{\omega - \omega^{\theta}}{\omega^{\theta}}$$

同理，对于补料公式，可以采用如图 2.5 所示的形式来表示（由于补料添加的炉料一般有多种，所以相对于冲淡要复杂点）。

说明：在图 2.5 中，杠杆仍然表示成分含量（从左到右依次增大），此时杠杆的左边为炉内铝水中 x 的含量 ω，以及加入的其他金属或中间合金中元素 x 的含量 c_1、c_2、…，右边为补料用炉料中元素 x 的含量 b，杠杆的支点为炉内铝水中 x 的要求含量 ω^{θ}，则根据杠杆平衡条件即可得到：

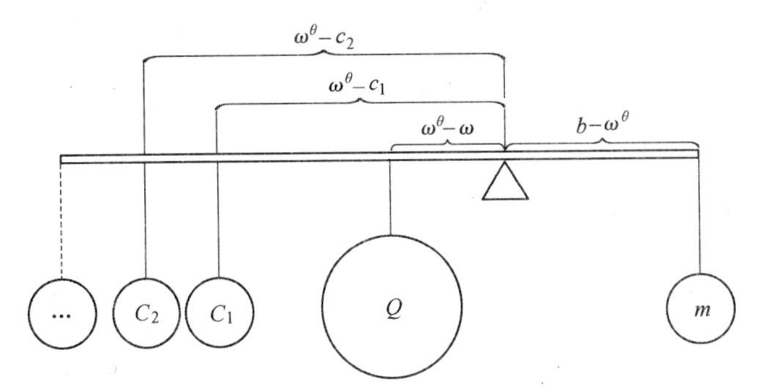

图 2.5 补料中杠杆原理示意图

$$m(b-\omega^\theta)=Q(\omega^\theta-\omega)+C_1(\omega^\theta-c_1)+C_2(\omega^\theta-c_2)+\cdots$$

$$m=\frac{Q(\omega^\theta-\omega)+C_1(\omega^\theta-c_1)+C_2(\omega^\theta-c_2)+\cdots}{b-\omega^\theta}$$

由于在其他金属或中间合金中元素 x 的含量可以忽略不计，即 $c_1=c_2=\cdots\approx 0$；因此上式可以进一步化简为：

$$m=\frac{Q(\omega^\theta-\omega)+(C_1+C_2+\cdots)\omega^\theta}{b-\omega^\theta}$$

这就是之前讲到的补料公式。

把图 2.4 和图 2.5 所呈现的杠杆形式称做化学成分调整的杠杆原理，它的实质是质量守恒。

2.5 铝合金配料计算系统

2.5.1 系统简介

目前，国内很多企业都还在沿用表格法进行手工配料计算。该方法计算过程繁琐、工作量大、效率低、人为误差大，已经越来越不能满足现代企业的发展需求。为此笔者独自开发了一套适合于铝合金行业的配料计算系统——AluferCal-System（以下简称 ACS），其工作流程如图 2.6 所示。该系统自 2009 年问世至今，已在重庆、甘肃、青海等地多家铝合金企业成功推广使用。

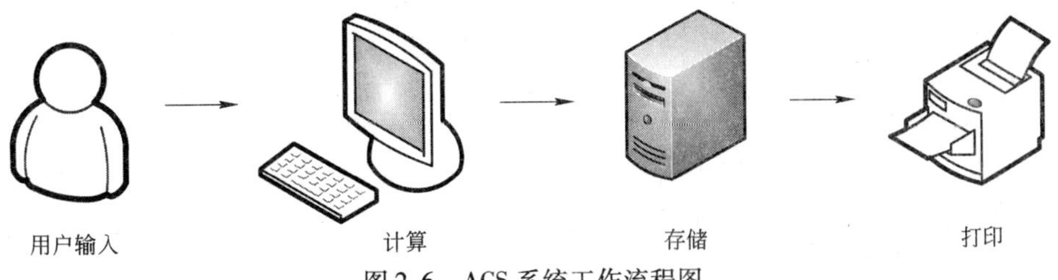

图 2.6 ACS 系统工作流程图

ACS 采用解线性方程组法实现对铝合金的配料相关计算。另外 ACS 还内置有智能算法包，会根据实际情况以及历史情况智能计算出需要的炉料配比，使配料结果能够达到成本最低。整个系统在多年实践中不断地完善和升级，使用非常方便。

ACS 系统适用范围：适用于铝合金熔铸企业变形铝合金、铸造铝合金的配料计算工作。

ACS 系统主要功能：

（1）铝合金的配料计算；

（2）换料、减料、加料计算；

（3）补料、冲淡计算；

（4）自动搭配炉料；

（5）整炉炉料的成本、烧损量、烧损率计算；

（6）自动选取最低成本的炉料配比；

（7）炉料成分的保存和查询；

（8）生产配料卡片的保存和查询。

2.5.2 基本原理

数学计算方面，ACS 对配料计算、补料计算以及冲淡计算全部采用解线性方程组法。由于计算机运算的超高速度，对于炉料调整不再像手工计算一样，要分为换料、减料、加料而去记忆繁杂的公式，而是统一采取重新配料的方式进行计算，因此，其数值足够精确。

计算机程序设计方面，ACS 运用 .NET 语言操控数据库，使每次配料数据得到记忆和保存，解决了炉料成分经常变动的问题。并且对于数据库中没有的合金数据，在每次配料完后会自动添加到数据库中，下次配料时就可直接从数据库中调取，大大减少了工作量。程序中设置了自动备份功能，能将每次配料的结果备份到计算机中，加强了生产卡片的数据化管理[3]。

为了便于交流，作者把解线性方程组常用到的全主元高斯 - 约当（Gauss - Jordan）消元法的 C#代码列在了附录 3 中，以供大家参考。

2.5.3 配料计算实例

以配 24500kg 某 5052 合金为例，所用炉料有铝水、5052 切边、5052 铣屑、5052 头尾、3104 铝卷、5754 铝卷、1 × × ×系铝卷以及各中间合金若干。

（1）在系统中输入已知的炉料及其质量、计划规格和其他相关事项。当然，一些参数系统会根据用户的历史记录直接从数据库中调取，大大降低重复工作量。

（2）点击“计算”按钮，进行调料计算。如果方程组有解，则计算出各炉料质量；如果没解，表明搭料不合理，需要返回重新搭料，或者选择让系统智能搭料并计算。

图 2.7 所示为 ACS 配料系统的主界面。

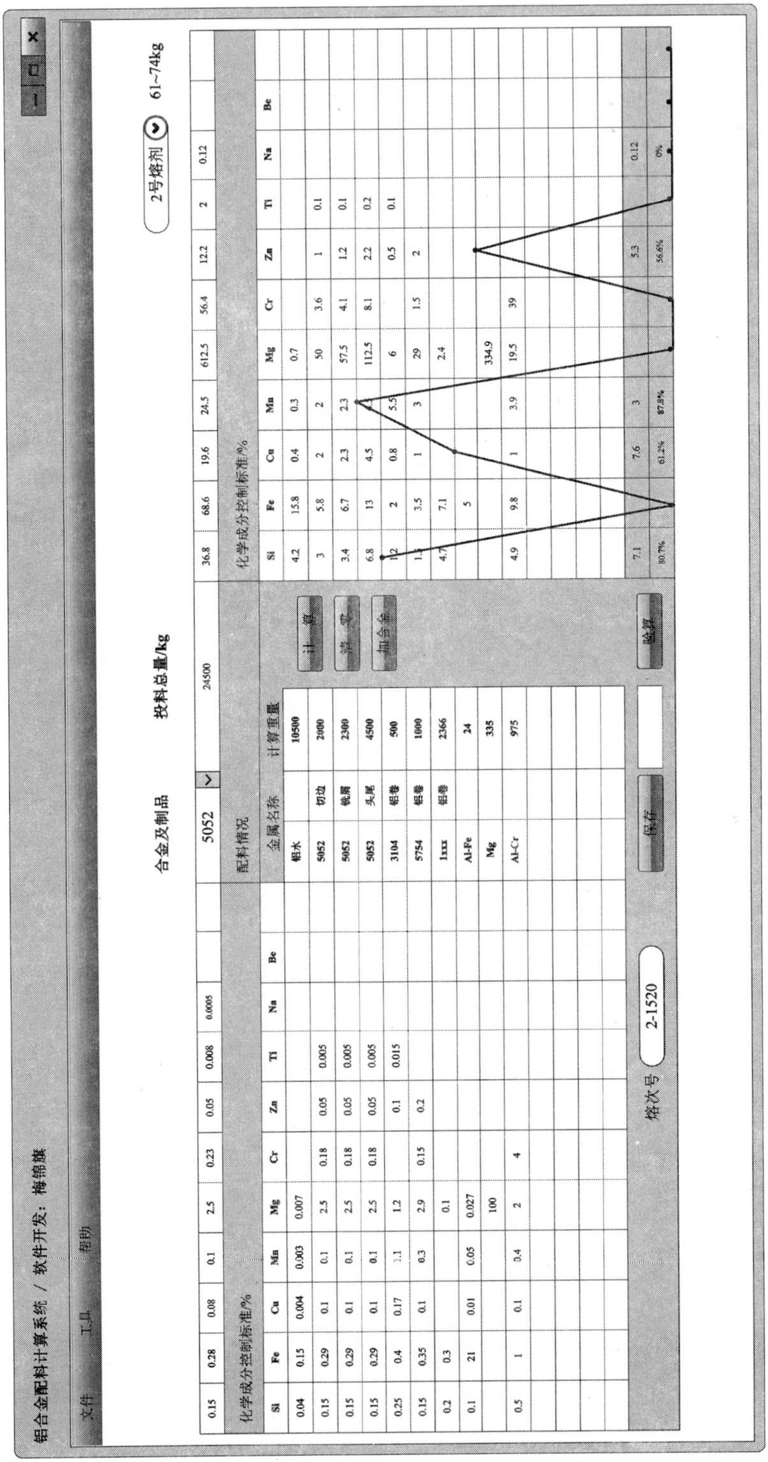

铝合金配料计算系统 / 软件开发：梅锦旗

文件 工具 帮助

合金及制品 5052

投料总量/kg 24500

2号熔剂 61~74kg

化学成分控制标准/%

Si	Fe	Cu	Mn	Mg	Cr	Zn	Ti	Na	Be
0.15	0.28	0.08	0.1	2.5	0.23	0.05	0.008	0.0005	
0.04	0.15	0.004	0.003	0.007					
0.15	0.29	0.1	0.1	2.5	0.18	0.05	0.005		
0.15	0.29	0.1	0.1	2.5	0.18	0.05	0.005		
0.15	0.29	0.1	0.1	2.5	0.18	0.05	0.005		
0.25	0.4	0.17	1.1	1.2		0.1	0.015		
0.15	0.35	0.1	0.3	2.9	0.15	0.2			
0.2	0.3			0.1					
0.1	21	0.01	0.05	0.027					
				100					
0.5	1	0.1	0.4	2	4				

熔次号 2-1520

配料情况

金属名称		计算重量
铝水		10500
5052	切边	2000
5052	铣屑	2300
5052	头尾	4500
3104	铝卷	500
5754	铝卷	1000
1xxx	铝卷	2366
Al-Fe		24
Mg		335
Al-Cr		975

计算 清零 加合金

保存 验算

化学成分控制标准/%

Si	Fe	Cu	Mn	Mg	Cr	Zn	Ti	Na	Be
36.8	68.6	19.6	24.5	612.5	56.4	12.2	2	0.12	
4.2	15.8	0.4	0.3	0.7					
3	5.8	2	2	50	3.6	1	0.1		
3.4	6.7	2.3	2.3	57.5	4.1	1.2	0.1		
6.8	13	4.5	4.[illegible]	112.5	8.1	2.2	0.2		
1.2	2	0.8	5.5	6		0.5	0.1		
1.[illegible]	3.5	1	3	29	1.5	2			
4.7	7.1			2.4					
	5								
				334.9					
4.9	9.8	1	3.9	19.5	39				
7.1		7.6	3			5.3		0.12	
80.7%		61.2%	87.8%			56.6%		0%	

图2.7 ACS配料系统主界面

(3) 点击“验算”按钮即可对杂质超标情况以及其他约束条件进行核算，杂质含量情况如图 2.7 中折线所示。其计算结果见表 2.26。

表 2.26 ACS 系统配料计算结果

炉料种类	质量/kg	炉料种类	质量/kg
铝水	10500	5754 铝卷	1000
5052 切边	2000	1×××系铝卷	2366
5052 铣屑	2300	Al - Fe	24
5052 头尾	4500	Mg	335
3104 铝卷	500	Al - Cr	975

(4) 通过 ACS 自带的统计工具进行统计分析。系统可以生成包含原材料成本、各级废料的质量以及所占的百分比的报表（支持2D 饼形、3D 饼形以及柱状等视图）。整个统计过程不但迅速、精确，并且很生动直观，如图 2.8 所示。

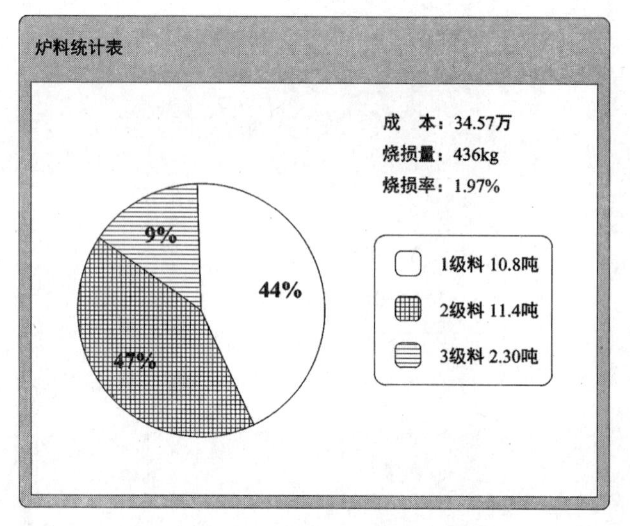

图 2.8 配料计算统计表

(5) 输入熔次号，就可以把配料结果保存到计算机中，或通过打印机直接打印到生产卡片上，至此本次配料计算工作完毕。

2.5.4 铸造铝使用说明

在使用 ACS 系统进行配料时，对于低铁组铸造铝合金，其使用方法和变形铝合金的使用方法完全一样；而对于高铁组铸造铝合金，由于涉及倒炉计算，因此在计算前需要设置熔炼炉投料量、理论倒水质量以及需要控制的合金元素种类，如图 2.9 所示。

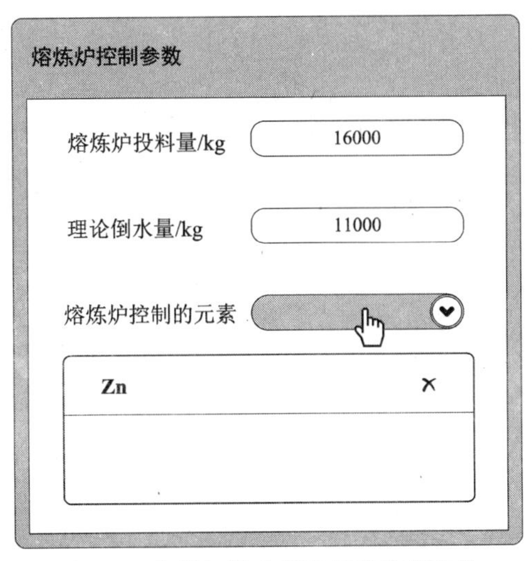

图 2.9 高铁组铸造铝熔炼炉控制参数

2.5.5 系统的未来发展

前面讲解到的 ACS 系统都是基于 Windows 操作系统的 PC 版本，在今后将逐步升级到跨平台的网络版本——ACS⁺（其工作流程示意图如图 2.10 所示），其主要变化有以下几点：

（1）跨平台性；

（2）集成 ERP 功能（或与 ERP 管理系统无缝融于一体）；

（3）内置数据分析包，对各种数据进行智能分析和处理。

ACS⁺将实现企业内部或企业间生产数据的共享，增强企业内部或企业间的交流互动，及时获取企业内部理化实验室的分析值、各需求方的成分标准、供应方原材料的成分含量，最终实现整个行业的数据优化。

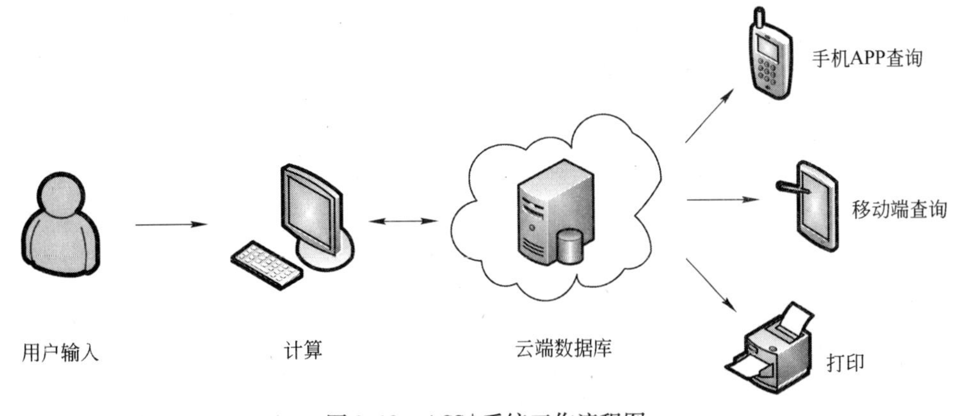

图 2.10 ACS⁺系统工作流程图

3 铸造铝合金配料计算

从配料计算的角度，根据铝合金中 Fe 含量的多少，可以将铸造铝合金分为以下两组：

（1）低铁组，即 Fe 含量不大于 0.5% 的铸造铝，如 ZLD101 等；

（2）高铁组，即 Fe 含量允许大于 0.5% 的铸造铝，如 ADC12、AC4B 等。

两组铸造铝合金在炉料的使用、熔炼过程均不相同。

高铁组铸造铝熔炼时可以使用各种铝合金废料（铝型材、铝板带材、机械铝、破碎料等），在熔炼炉加入、熔化，然后根据其分析结果将熔体倒入静置炉（也叫保温炉），加入 Si、Cu 并进行成分调整和后续操作。

低铁组铸造铝则使用铝锭（电解铝液）和部分可适宜合金的废料，不使用机械铝、破碎料，一般是在静置炉进行装炉、熔化并完成整个熔炼操作。

另外，中间合金的配料计算方式和低铁组铸造铝完全一样，这里就不再赘述，请参考低铁组铸造铝的配料计算。

3.1 低铁组的配料计算

对于低铁组，其生产工艺流程如图 3.1 所示，由于炉料一般为纯铝、中间合金、各种单质（如电解金属锰、重熔镁锭等）以及含量已知的废料，其配料计算方法与变形铝合金几乎完全相同。

3.1.1 熔铸过程简介

低铁组铸造铝的熔铸过程和变形铝很类似，计算好所需的炉料，然后一次性或分批次地添加进静置炉熔化，取样分析，成分合格后就直接铸造。

但是由于其成分相对于变形铝合金较宽，工艺要求也要低一些，因此其熔炼过程较简单。而且低铁组铸造铝只需在静置炉熔炼就可以了，这点有别于变形铝以及高铁组铸造铝需要在熔炼炉和静置炉中熔炼。

3.1.2 理论配料量、实际配料量以及炉次数的确定

由于铸造铝合金铸锭需要二次重熔用于低压或高压铸造，因此对外观几何尺寸没有过多的要求，一般所有的铸锭规格都是一样的。铸造铝合金的订单一般是按吨位来订货的（有别于变形铝合金是按几何尺寸规格来订货的），所以其配料

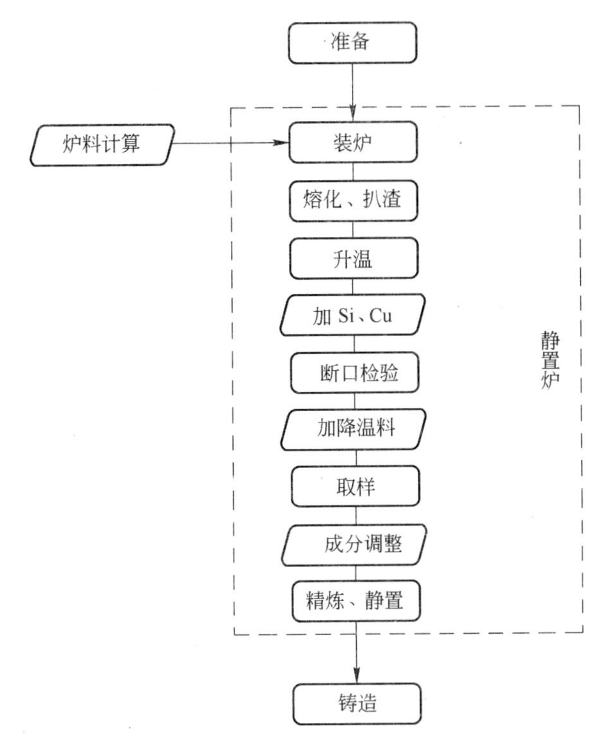

图 3.1 低铁铸造铝合金熔铸工艺流程

量就很灵活，只要总的成品量大概满足采购厂家的订单质量即可。

铸造铝合金的配料，原则上应使每一炉的配料量达到最大炉容。但是在实际生产中，考虑到加降温料、扒渣等操作，而必须给炉子留有一定空余的炉容量(用 $Q_{空余量}$表示)，也就是说配料量不可能达到理论上的最大炉容。所以，一般根据 $Q_{最大炉容}-Q_{空余量}$的大小，按照如下方式进行确定：

(1) 当采购厂家需求量大于（$Q_{最大炉容}-Q_{空余量}$)$_{静置炉}$时，一般是先确定实际配料量，然后再确定理论配料量。

实际配料量（$Q_{实际}$）的计算公式为：

$$Q_{实际}=(Q_{最大炉容}-Q_{空余量})_{静置炉} \tag{3.1}$$

式中 $Q_{最大炉容}$——静置炉的最大炉容，kg；

$Q_{空余量}$——为考虑到可能会加降温料、扒渣等操作而必须给炉子留有一定空余的炉容量，kg，该值需根据平时的生产经验来定，人为性较大，一般取 1000～3000kg 即可。

考虑到实际台秤的精确度以及人为因素等原因，式（3.1）的计算结果如果出现小数，按照进一法处理。

理论配料量（$Q_{理论}$）的计算公式为：

$$Q_{理论} = Q_{实际} - Q_{烧损} - Q_{供流量} \tag{3.2}$$

式中各项的意义和2.2.1节中变形铝合金的一样。

炉次数（n），即熔炼的炉次总和，其计算公式如下：

$$n = \frac{采购厂家订单需求量}{Q_{理论}} \tag{3.3}$$

说明：对于n是小数的情况，要根据实际情况取舍，具体原则见表3.1。

表3.1 对炉次数n的取舍原则

处理方法	情况	备注
Int(n) +1①	采购厂家为长期客户，而且之后也很可能再次购买	可以库存，下次发货给该采购厂家
	该产品为使用量较大的产品，有很多厂家都使用该牌号的产品，且成分标准几乎没差别，不影响使用	发货给其他厂家
	经协商，采购厂家愿意采购多生产的那部分铸锭	直接发货给该采购厂家
Int（n）	采购厂家为新客户，不能估计之后能否继续采购	避免库存
	该牌号的产品比较稀少，使用量很少	避免库存
	该牌号的产品价格比较昂贵	避免库存，影响流动资金的运转

①Int（x）函数为取不小于x的最大整数。

（2）当采购厂家需求量不大于（$Q_{最大炉容} - Q_{空余量}$）$_{静置炉}$时，应先确定理论配料量，再确定实际配料量。

理论配料量（$Q_{理论}$），等于采购厂家需求量。

实际配料量（$Q_{实际}$）的计算公式为：

$$Q_{实际} = \min(Q_{理论} + Q_{烧损} + Q_{供流量}, Q_{最大炉容}) \tag{3.4}$$

式中，min函数为取两个数中的最小值；其他各项的意义和2.2.1节中变形铝合金的一样。

炉次数（n），直接取1。

说明：当出现$Q_{理论} + Q_{烧损} + Q_{供流量} > Q_{最大炉容}$的情况，即炉子无法装下所有的炉料，这时$Q_{实际}$直接取$Q_{最大炉容}$。由于发货量少于采购厂家的需求量，此时需按照表3.1的原则进行处理，相应的炉次数n就有可能取到2。

【例3.1】 销售员小王最近和某新单位签订一笔ZLD101订单100（±5）t。已知静置炉的最大炉容量是21t、熔炼炉的最大炉容量是18t。问每炉需要投放多少的炉料，共投放多少炉？

解：由于ZLD101属于低铁组，只需在静置炉熔炼即可。

考虑到要烫铣屑、扒渣等操作，每炉少投放2t（一般1~3t即可，作者取2t），即$Q_{空余量} = 2$（t），于是$Q_{最大炉容} - Q_{空余量} = 21 - 2 = 19$（t），由于100t > 19t，故应先确定实际配料量。

则每炉实际投放量：$Q_{实际} = Q_{最大炉容} - Q_{空余量} = 21 - 2 = 19$（t）

烧损率取5%，则：$Q_{烧损} = Q_{实际} \cdot \sigma_{r} = 19 \times 5\% = 0.95$（t）

供流量取0.5t，则：$Q_{理论} = Q_{实际} - Q_{烧损} - Q_{供流量} = 19 - 0.95 - 0.5 = 17.55$（t）

$$n = \frac{100}{17.55} = 5.70$$

考虑到该种合金的采购厂家虽然是第一次购买，但是经协商愿意多购买5t，所以需生产6炉次。最后实际发货量估计值为$6 \times 17.55 = 105.3$（t），比采购厂家需求量多了5.3t，基本满足需求。

答：每炉投放19t，共投放6炉。

【例3.2】销售员小李最近和一家长期合作单位签订一笔ZLD101A订单21t。已知静置炉的最大炉容量是21t、熔炼炉的最大炉容量是18t。问每炉需要投放多少的炉料，共投放多少炉？

解：由于ZLD101A属于低铁组，只需在静置炉熔炼即可。

由于该种合金对成分的要求比较高，只能用一级料及少许的二级料，炉料是一次投放进静置炉熔炼的，不需要加降温料，而且扒渣量很少，故$Q_{空余量}$取为零，于是：

$$Q_{最大炉容} - Q_{空余量} = 21 - 0 = 21 \text{（t）}$$

由于$21t \leqslant Q_{最大炉容} - Q_{空余量}$，故应先确定理论配料量，则$Q_{理论} = 21$（t）。

由于该种合金对成分要求比较高，用的都是等级较低的炉料，烧损率较低，取1%，则：

$$Q_{理论} + Q_{烧损} = \frac{21}{1 - 1\%} = 21.21 \text{（t）}$$

$Q_{供流量}$取0.5t（没有用旋转除气装置，只考虑流槽和过滤盆的供流量）故：

$Q_{实际} = Q_{理论} + Q_{烧损} + Q_{供流量} = 21.21 + 0.5 = 21.71 \approx 22$（t）（一般按“进一法”处理）

由于此时$Q_{实际} = 22t > Q_{最大炉容}$，$Q_{实际}$取最大炉容21t。

和采购厂家商量，可以少发1t的货，故只投放1炉次。

答：每炉投放21t，共投放1炉。

在例3.2中，如果采购厂家不愿意少发货，也不愿意多发货，则此时需要销售人员做进一步的销售沟通，最好让采购厂家接受少发货的情况，这样才能实现彼此的双赢。所以说在实际的生产中，销售员既要熟悉本厂的生产能力又要不断提高自身的销售技巧，这样才能签订合理的订单，避免不必要的浪费。

3.1.3 配料值的确定

和变形铝合金完全一样，依然按照最大值原则和中值原则确定。请参看第2.2.2节。

3.1.4　各炉料组成及配料比的确定

和变形铝合金完全一样，请参看第 2.2.3 节。

3.2　高铁组的配料计算

对于高铁组，由于其炉料为一些成分不明的废料，其合金产品属于再生铝。其生产工艺流程如图 3.2 所示。

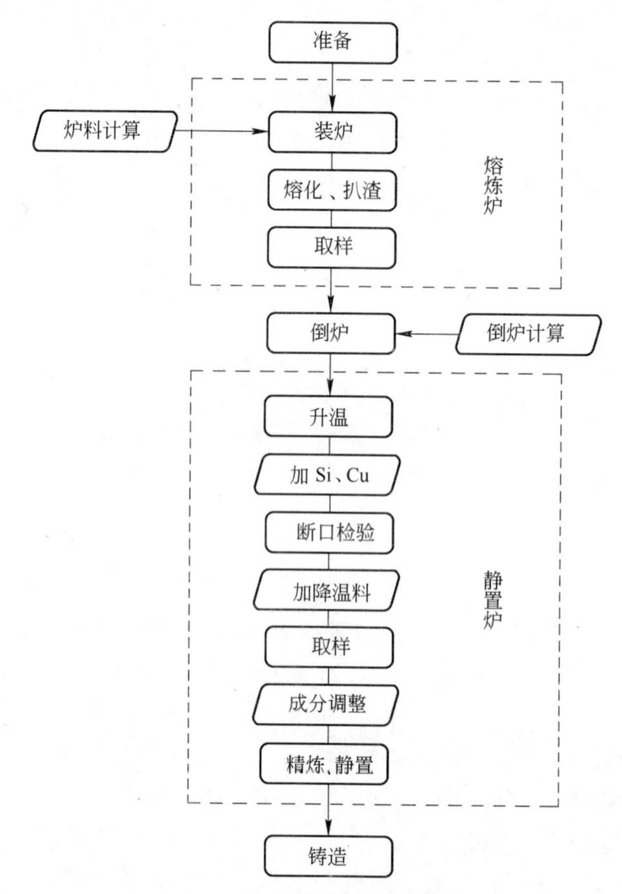

图 3.2　高铁铸造铝合金熔铸工艺流程

3.2.1　熔铸过程简介

高铁组铸造铝的熔铸过程为：先把各种炉料（一般用等级较高的废料）用叉车加进熔炼炉，然后加热使其熔化成铝水。由于使用的废料等级较高，因此杂质含量也比较高，一般是 Fe 和 Zn 两种元素。这时就不能全部倒炉进静置炉，而只能通过计算倒进一部分的铝水，剩余的则留在熔炼炉内。

对于倒入静置炉的铝水，由于比实际的投料量要少，因此需要进行加料操作，使其总投料量达到实际的投料量且各合金元素比例达到控制标准。最后熔化（某些合金还需要添加变质剂），铸造。

对于剩余在熔炼炉的铝水，则有两种处理方式。如果质量比较少，则继续添加炉料，进行第二炉的熔炼。如果质量比较多，则需要计算，进行第二次倒炉操作，然后在静置炉中继续加料（降温料），熔化，铸造。

3.2.2 理论配料量、实际配料量以及炉次数的确定

高铁组铸造铝合金的订单也是按照吨位来订货的，只要总的成品量大概满足采购厂家的订单质量即可。由于高铁组铸造铝合金多属于再生铝，一般使用的炉料都是些等级最高的废料，需要在熔炼炉中添加炉料熔化，然后倒炉进静置炉，添加降温料，再次熔化。所以其配料量的确定比较复杂，具体计算方式如下：

（1）当采购厂家需求量大于 $(Q_{最大炉容}-Q_{空余量})_{静置炉}$ 时，实际配料量为每炉次两炉子的配料量的总和，即：

$$Q_{实际}=Q_{熔炼炉配料量}+Q_{静置炉配料量} \tag{3.5}$$

式中 $Q_{熔炼炉配料量}$——在熔炼炉中投入的炉料质量，kg；

$Q_{静置炉配料量}$——在静置炉中投入的炉料质量，一般为添加的降温料以及 Si、Cu 等的质量，kg。

考虑到实际台秤的精确度以及人为因素等原因，如果结果出现小数，按照进一法处理。

理论配料量，主要与静置炉有关，计算公式为：

$$Q_{理论}=(Q_{最大炉容}-Q_{空余量})_{静置炉} \tag{3.6}$$

式中 $Q_{空余量}$——静置炉的空余量，为考虑到可能会加降温料、扒渣等操作而必须给炉子留有一定的空余的炉容量（该值需根据平时的生产经验来定，人为性较大，一般取 1000～3000kg 即可），kg。

考虑到实际台秤的精确度以及人为因素等原因，如果结果出现小数，按照进一法处理。

炉次数（n），即熔炼的炉次总和，其计算公式如下：

$$n=\frac{采购厂家订单需求量}{Q_{理论}} \tag{3.7}$$

说明：对于 n 是小数的情况，仍然根据表 3.1 的原则进行处理。

（2）当采购厂家需求量不大于 $(Q_{最大炉容}-Q_{空余量})_{静置炉}$ 时，理论配料量（$Q_{理论}$）等于采购厂家需求量。

实际配料量（$Q_{实际}$）为每炉次两炉子的配料量的总和，即：

$$Q_{实际}=Q_{熔炼炉配料量}+Q_{静置炉配料量} \tag{3.8}$$

考虑到实际台秤的精确度以及人为因素等原因，对于式（3.8）的计算结果，

如果出现小数，按照进一法处理。

炉次数（n），直接取 $n=1$。

说明：由于高铁组的铸造铝合金一般都是比较通用型或使用量比较大的铝合金，如 AC4B、ADC12 等，因此一般很少会出现这种情况。如果出现此种情况，处理方法如下：

（1）让销售员与采购厂家协商，使其加大订单量；

（2）多生产几炉（一般不超过 3 炉次），留作库存或发货给其他类似需求的采购厂家；

（3）如果以上两条都无法满足，则一般可以取消该订单的生产。

利用以上公式，可以判断某订单是否可以签订，并可以确定理论配料量以及总的炉次，但实际配料量现在还不能直接确定出来，要学习完第 3.2.4 节中倒炉计算后才能对其进行确定。

【例 3.3】某单位 A 欲在本厂采购 AC4B 合金 22t（采购厂家不愿意多购买）。已知本厂静置炉的最大炉容量是 21t、熔炼炉的最大炉容量是 18t。问是否可以签订该订单？如果可以签订，则一共要投放多少炉次？

解：由于 AC4B 属于高铁组，在熔炼炉和静置炉中都需要投料。

考虑到要烫铣屑、扒渣等操作，每炉少投放 2t，即 $Q_{空余量}=2\text{t}$，于是 $(Q_{最大炉容}-Q_{空余量})_{静置炉}=21-2=19\ (\text{t})$。

由于 22t > 19t，则应按照式（3.6）确定其理论配料量：

$$Q_{理论}=(Q_{最大炉容}-Q_{空余量})_{静置炉}=19\text{t}$$

$$n=\frac{22}{19}=1.16$$

讨论：如果 n 取 1，则理论产出量为 19t，要比客户需求量少 3t。

如果 n 取 2，则理论产出量为 38t，要比客户需求量多 16t。

虽然采购厂家 A 不愿意多购买 AC4B 合金，但是，由于另一厂家 B 使用的该牌号的合金与厂家 A 的合金成分要求一样，故可以多生产 1 炉，即 n 取 2。

答：可以签订该订单，共投放 2 炉次。

说明：由于历史原因，一些厂家仍在沿用国外牌号。AC4B 为日本牌号，近似于我国的 YLD112；之后提到的 ADC12 也为日本牌号，近似于我国的 YLD113，请读者注意。

【例 3.4】某新合作单位 B 欲在本厂采购 ADC12 合金 10t（采购厂家不愿意多购买）。已知本厂静置炉的最大炉容量是 21t、熔炼炉的最大炉容量是 18t。问是否可以签订该订单？如果可以签订，则一共要投放多少炉次？

解：由于 ADC12 属于高铁组，在熔炼炉和静置炉中都需要投料。

考虑到要烫铣屑、扒渣等操作，每炉少投放 2t，即 $Q_{空余量}=2\text{t}$，于是

$(Q_{最大炉容}-Q_{空余量})_{静置炉}=21-2=19$（t）。

由于 $10<19$，则：$Q_{理论}=10t$，$n=1$。

综合考虑以下几点：

（1）经销售沟通，采购厂家 B 不愿意多订货；

（2）该厂家 B 是新厂家，经销售渠道预测分析，该厂家铝锭使用量很少；

（3）不能估计其今后是否会再次订货；

（4）该厂家的 ADC12 内控成分比较特殊，和一般的厂家需求差别比较大。

所以不签订该订单。

答：取消该订单的签订。

总结：通过该题可以知道，有的不合理的订单是可以直接取消签订的。如果该题中厂家 B 的 ADC12 的内控成分和其他厂家一样，则可以签订该订单，且可以投放 2 炉，多余的产品留作以后发货给其他厂家。

3.2.3 配料值的确定

和变形铝合金完全一样，依然按照最大值原则和中值原则确定。请参看第 2.2.2 节。

3.2.4 各炉料组成及配料比的确定

由于高铁组铸造铝要用到熔炼炉，因此其配料计算方式和低铁组不同；又由于其在倒炉操作时，不像变形铝一样要将熔炼炉中的铝水全部倒炉进静置炉，因此其配料计算方式和变形铝也不相同，下面将对其配料计算过程进行详细论述。

3.2.4.1 废料的分类及等级

高铁组铸造铝使用的废料与变形铝使用的废料有所差别，其废料等级较高（最高可达到 5 级），一般按照如下两种方式对其进行分类：

（1）按照铝合金性质可以分为生铝和熟铝。

1）生铝。主要指铸造铝合金回收料，主要成分是铝、硅，和生铁一样，性脆，如各种汽配、摩配铝铸件。

2）熟铝。主要指变形铝合金回收料，和熟铁一样，性软，如各种铝锅、铝瓢、铝盆、易拉罐等日常生活用品，以及各种飞机、轻轨、地铁用铝材。

（2）按照外观、形状以及来源可以分为：破碎料、机械铝、型材、压包、复化料、放废料等。

1）破碎料。指为了便于储存和运输，对回收的体积较大的铝制品，通过粉碎机破碎而成的小铝碎块（这也是破碎料一词的来历），主要成分为铸造铝合金。由于这些回收料中，一般嵌套有其他合金或塑料配件，但以铁质和锌质配件居多，如螺丝、螺母、铆钉等，因此其中还含有较多的铁和锌等化学元素。

2）机械铝。指未经破碎的铝制品回收料，其主要成分为铸造铝合金。和破碎料一样，还含有较多的铁、锌等化学元素。

3）型材。指各种民用型材回收料的总称。其主要成分为1×××系和6×××系变形铝合金，如铝合金门窗、铝线等，一般也含有些塑料及铁质配件，但与破碎料相比，含铁量相对少些。

4）压包。指为了便于储存和运输，对一些易拉罐通过压制而成的回收料，主要成分为作罐盖料的3×××系和5×××系的变形铝。

5）灰锭。指炒灰房中对熔炼过程中扒出的炉渣进行炒灰操作而得到的铝铸锭，主要成分为含有很多硅酸盐夹杂的铝合金。

6）复化锭（复化料）。指成分不明的各种铝合金废料，在炉子中熔化后，分析出化学成分，直接浇铸而成的铝锭。和前面几种废料不同的是，复化锭的成分已知。不过复化锭含有较多的杂质，一般只分析出了常见的几种合金元素（如Si、Fe、Cu、Mn、Mg、Cr等），很多未知的杂质都未分析或分析不出来。所以，复化锭的废料等级也较高。

7）放废料。指在铝合金的生产过程中，由于成分超标、晶粒过大、夹杂物超标等理化性质不达标而产生的废料。相对之前的几种废料，其等级是最低的。

一些废料按照成分及烧损进行分级，见表3.2。

表3.2 一些废料的等级

名 称	等 级	成分构成
破碎料	5	各种大型铝铸件破碎而成
机械铝	5	各种较小铝铸件，如小车轮毂
型材	4	主要为1×××系及6×××系变形铝，如铝门窗
压包	5	主要为3×××系及5×××系的罐盖料，如易拉罐
灰锭	4	主要为含有很多硅酸盐夹杂物的铝合金
复化锭	4或5	各种铝合金
放废料	2或3	化学成分不达标的铸造铝合金

3.2.4.2 炉料种类的确定

在熔炼炉和静置炉中添加的炉料种类一般不同，具体见表3.3。

表3.3 熔炼炉和静置炉中添加的炉料种类

炉子种类	允许投放的炉料	备 注
熔炼炉	破碎料，机械铝，型材，灰锭，成分较高的放废料、复化料，各种分离剂、覆盖剂等熔剂	主要为等级较高或成分较复杂的废料
静置炉	型材，变形铝铣屑、锯屑（烧损较高），压包（烧损较高），成分较低的放废料、复化料，Si、Cu、Cr、Mn等各种元素单质，Al－Sr变质剂，各种覆盖剂、精炼剂等熔剂	主要为等级较低或烧损较高的废料

一般按照以下几点来判断废料是加在熔炼炉还是静置炉中：

（1）如果炉料等级为5级且烧损较低，则必须投放到熔炼炉中；

（2）如果炉料等级为5级但烧损较高，则必须投放到静置炉中烫化；

（3）如果炉料等级为4级，则投放进熔炼炉或静置炉中皆可，视现场炉料结构而定；5级料不够或5级料中Fe或Zn含量过高，此时可以在熔炼炉中适当加一些4级料；

（4）如果炉料等级小于4级，则需投放进静置炉中。

需要特别说明的是，由于变形铝合金的成分要求较高，因此铸造铝合金中使用的废料都不能使用在变形铝合金中。反过来，从成分上讲，变形铝合金使用的废料虽然可以使用在铸造铝合金中，但是由于变形铝合金的价格较高，因此出于成本的考虑，除了变形铝的铣屑和锯屑等烧损较高的废料外，一般也不在铸造铝合金中使用变形铝合金使用的废料。总的来说，两种合金使用的废料原则上都不能交叉使用。

3.2.4.3 炉料质量的确定及配料计算

A 废料成分的估计

高铁组铸造铝合金由于在熔炼炉中添加的炉料为等级较高的回收料，其成分都未知，只能根据生产经验来估计一些含量较高的元素（一般为Zn）。在熔炼炉添加的废料中各合金元素的估计值见表3.4。

表3.4 废料中各合金元素的估计值

元素种类	估计值/%	备　注
Zn	0.9～1.5	
Fe	在熔炼炉中不估计	如果回收料中含有较多的螺丝、螺帽等含铁部件，应按照上限值来估计；必要时，应筛选出回收料中的含铁部件
其他元素	在熔炼炉中不估计	由于其他元素一般含量相对Fe和Zn较少；或为主元素，倒炉进静置炉后可以做成分调整

由于铁的熔点要比铝高约877℃，因此熔炼炉中的废料在熔化过程中，铁将无法熔化而沉积到炉底。一方面铁在熔炼炉中将扩散进铝中使铁含量升高；另一方面细小的铁块或铁屑将会在倒炉过程中，随铝液流进静置炉里。在静置炉中加Si、Cu等后，将进行升温操作，此时铁将大量扩散进铝中使铁含量陡然升高而使部分或整炉铝水放废。

另外，废料中还含有较多的锌嵌套件和含锌量较高的合金（如7×××系合金），而锌的熔点比铝要低约240℃，炉料在熔炼炉熔化的过程中，锌会溶解进铝熔体中，这也可能导致整炉或部分铝水放废。所以，在熔炼炉中投放废料前一定要控制Fe和Zn的含量。

B 倒炉计算

在高铁组铸造铝合金的熔铸过程中有一个比较重要的概念——倒炉，也称倒水，是指把熔炼炉中的铝水通过流槽、流管等装置引流进静置炉的操作过程，如图 3.3 所示。

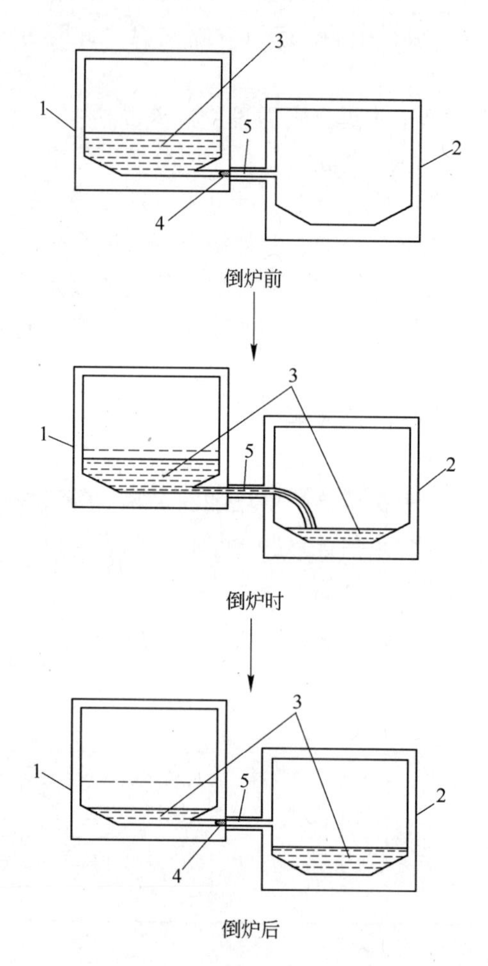

图 3.3 倒炉过程示意图

1—熔炼炉；2—静置炉；3—铝水；4—堵眼套；5—流槽

倒炉进静置炉的铝水质量称做倒水质量（倒水量），分为理论倒水质量和实际倒水质量。

确定倒水质量，保证最终产品杂质成分不超标的过程称做倒炉计算。倒炉计算主要是为了控制产品的杂质成分。倒水质量过少，废料使用率过低，不能最大限度地使用废料，将使产品成本偏高；倒水质量过多，将导致静置炉中杂质成分超标，从而将导致无法冲淡而放废部分或整炉铝水。

理论倒水质量，指理论上估算出的倒水质量。计算过程如图 3.4（a）所示，计算公式如下：

$$Q_{理论倒水质量} = Q_{理论}\frac{\omega^{\theta} - \delta}{\omega^{估计}} \tag{3.9}$$

式中 $Q_{理论}$——理论配料量，kg；

ω^{θ}——Zn 的配料标准值，%；

$\omega^{估计}$——熔炼炉中 Zn 的估计含量，%；

δ——Zn 的空余含量，指为了防止估计失误或其他原因，导致 Zn 含量成分超标，而刻意留有的余量（一般取 0.02% ~0.05%），%。

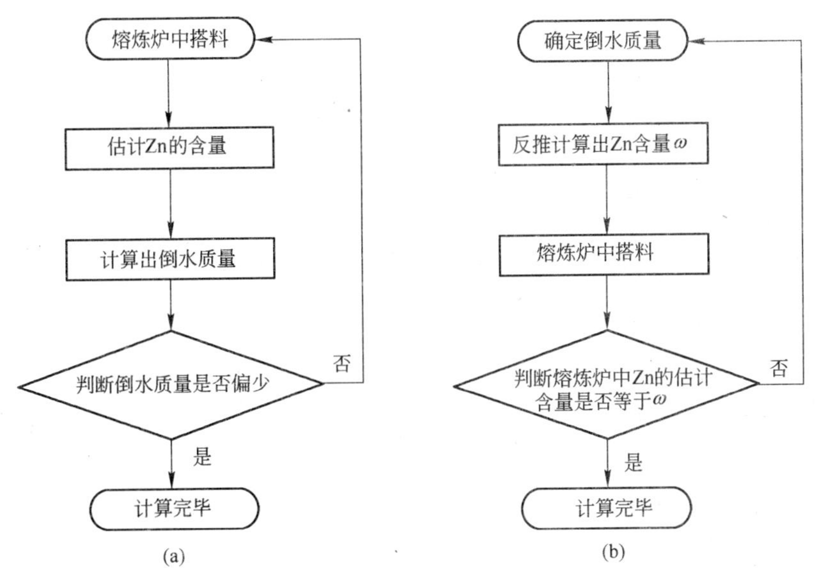

图 3.4 计算理论倒水质量流程图

（a）一般方法；（b）逆推方法

计算出的 $Q_{理论倒水质量}$不能过于偏小（一般取不小于 $Q_{理论}/2$，人为性较大，根据具体厂家规定而定），因为倒水量少了，倒炉后在静置炉中添加的降温料及 Si、Cu、Mg 等都将增多，这将增加烧损、熔炼时间和能源损耗，最终导致产品成本偏高。在式（3.9）中，是先估计熔炼炉中的 Zn 的成分，然后计算出倒水量，这将可能出现倒水量太少的情况。

那么怎样才能保证倒水量不至于太少呢？由于按照图 3.4（a）的流程，要计算后才能知道其倒水质量，不够及时和直观。因此，在实际生产中一般也可以按照图 3.4（b）的流程，先确定倒水质量，然后按照 $\omega = \frac{Q_{理论}}{Q_{理论倒水质量}}(\omega^{\theta} - \delta)$ 反推计算出熔炼炉中 Zn 的成分，最后在熔炼炉中通过含 Zn 量较高的机械铝、破碎料和含 Zn 量较低的型材、灰锭等炉料的合理搭配来调节 Zn 的含量。

按照理论倒水量计算，不考虑其他因素，理论上最终的产品中 Zn 的质量分数将不超过 $\omega^\theta-\delta$。由于其他杂质元素的含量一般不会大于 Zn 的杂质含量，故在理论上保证了 Zn 的含量不超标，也就保证了其他杂质含量不会超标，这就是为什么计算的时候按照 Zn 的含量来计算的原因。

实际倒水质量，指实际上每次倒炉进静置炉的铝水质量。不妨设含量最高的杂质元素为 x，一般为 Zn、Fe 或 Mg，则计算公式如下：

$$Q_{实际倒水质量}=Q_{理论}\frac{\omega^\theta-\delta}{\omega} \tag{3.10}$$

式中 $Q_{理论}$——理论配料量，kg；

ω^θ——x 的配料标准值，%；

ω——静置炉中 x 的分析值，%；

δ——x 的空余含量，指为了防止估计失误或其他原因，导致 x 含量超标，而刻意留有的余量（一般取 0.02% ~0.05%），%。

实际倒炉计算的时候，要酌情处理。原则上是按照 Zn 的成分进行倒炉计算，但也可能因为之前讲到的原因导致 Fe 的成分过高，另外如果炉料为含 Mg 较高的废料时，也可能导致 Mg 的成分过高，这时就该考虑用哪种元素进行倒炉计算才能保证最终产品中各杂质元素都不超标。

所以，一般在实际倒炉计算的时候，常常按照下式进行计算：

$$Q_{实际倒水质量}=Q_{理论}\cdot\min\left(\frac{\omega_{Zn}^\theta-\delta_{Zn}}{\omega_{Zn}},\frac{\omega_{Fe}^\theta-\delta_{Fe}}{\omega_{Fe}},\frac{\omega_{Mg}^\theta-\delta_{Mg}}{\omega_{Mg}},\cdots\right) \tag{3.11}$$

实际倒水质量和理论倒水质量一样，也不能太少（会增加产品的成本）。如果实际倒水质量偏小，一般取不小于 $Q_{理论}/3$（注意前面理论计算的时候是取的 $Q_{理论}/2$），则需要放废部分或整炉的铝水。

【例 3.5】 欲生产 AC4B 合金 100t，其成分控制标准见表 3.5。

表 3.5 某 AC4B 的成分控制标准 (%)

Si	Fe	Cu	Mn	Mg	Ni	Zn	Pb	Sn	Ti	其他
8.8 ~9.8	≤0.8	2.15 ~3.15	≤0.5	0.3 ~0.5	≤0.3	≤0.9	≤0.2	≤0.1	≤0.2	—

已知静置炉的最大炉容量是 18t、熔炼炉的最大炉容量是 16t，现场有机械铝、破碎料、灰锭、型材、单质硅、纯铜丝、镁锭若干。

（1）求理论倒水质量。

（2）如果熔化后，炉前快速分析出铝水中各元素含量见表 3.6。

表 3.6 炉前快速分析结果 (%)

Si	Fe	Cu	Mn	Mg	Ni	Zn	Pb	Sn	Ti	其他
8	1.3	1.7	0.2	0.35	0.05	1.2	0.05	0.05	0.05	—

试计算其实际倒水质量并判断是否需要放废铝水？

解：（1）按照中值原则和最大值原则得到其配料计算值，见表3.7。

表3.7 AC4B的配料值 （%）

Si	Fe	Cu	Mn	Mg	Ni	Zn	Pb	Sn	Ti	其他
9.6	0.8	2.45	0.5	0.45	0.3	0.9	0.2	0.1	0.2	0

取静置炉的空余量 $Q_{空余量}=2t$，于是 $(Q_{最大炉容}-Q_{空余量})_{静置炉}=16t<100t$，由式（3.6）得 $Q_{理论}=16t$。

在熔炼炉中只投放机械铝和破碎料，根据之前的生产经验，其Zn的估计值取1.3%，δ_{Zn}取0.02%，则：

$$Q_{理论倒水质量}=Q_{理论}\frac{\omega_{Zn}^{\theta}-\delta_{Zn}}{\omega_{Zn}^{估计}}=16\times\frac{0.9-0.02}{1.3}=10.8\approx11\ (t)$$

且 $Q_{理论倒水质量}>\frac{Q_{理论}}{2}=\frac{16}{2}=8\ (t)$，满足题意。

（2）由于Fe的成分比较高，而且可能有铁屑会倒炉进静置炉，对 δ_{Fe} 稍微取大点，为0.05%，则有：

$$Q_{理论}\frac{\omega_{Fe}^{\theta}-\delta_{Fe}}{\omega_{Fe}}=16\times\frac{0.8-0.05}{1.3}=9.2\approx9\ (t)$$

$$Q_{理论}\frac{\omega_{Zn}^{\theta}-\delta_{Zn}}{\omega_{Zn}}=16\times\frac{0.9-0.02}{1.2}=11.7\approx12\ (t)$$

由式（3.11）可得：$Q_{实际倒水质量}=\min(9,\ 12)=9\ (t)$

显然 $Q_{实际倒水质量}>\frac{Q_{理论}}{3}=\frac{16}{3}\approx5.3\ (t)$，不需要放废铝水。

答：理论倒水质量为11t，实际倒水质量为9t，不需要放废铝水。

总结：在实际倒水质量的计算上，可以看到最终是按Fe的成分来计算出的倒水质量。如果依旧按照Zn的成分来计算，将导致最终产品Fe超标。一般情况下，理论倒水质量和实际倒水质量都会有或大或小的差距。本题除了计算倒水质量外，还涉及了前面讲到的配料值的确定、理论配料量的计算、废料成分的估计等知识点。

C 熔炼炉配料量、静置炉配料量、实际配料量

学习完倒炉计算后，现在就可以计算出熔炼炉配料量、静置炉配料量以及之前讲到的实际配料量了。其基本计算流程如图3.5所示。

静置炉配料量，一般按照如下公式进行计算：

$$Q_{静置炉配料量}=Q_{理论}-Q_{理论倒水质量} \tag{3.12}$$

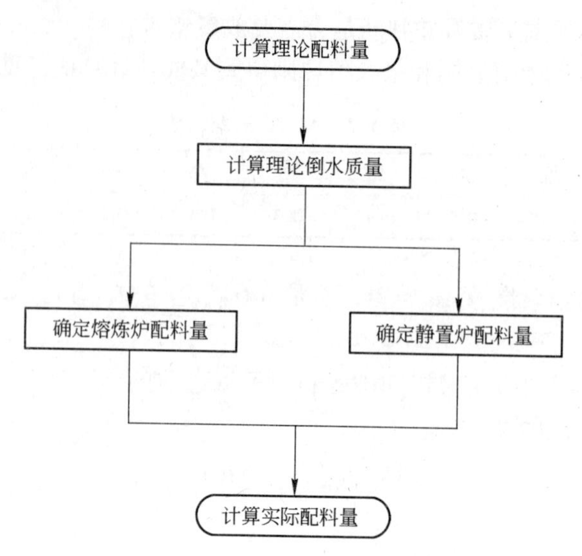

图 3.5 实际配料量的计算流程图

熔炼炉配料量，一般按照如下公式进行计算：

$$Q_{熔炼炉配料量} = Q_{理论倒水质量} + Q_{烧损} + Q_{剩料量} \tag{3.13}$$

式中 $Q_{烧损}$——炉料的烧损量，由于高铁铸造铝合金使用的炉料的烧损率普遍较高且波动比较大，因此一般直接按照质量进行估算，kg；

$Q_{剩料量}$——熔炼炉中的剩料量，一般占 $Q_{熔炼炉配料量}$ 的 10% ~30%，对于第一炉次，由于是空炉，因此只在第一炉次的时候才考虑；从第二炉次开始，由于熔炼炉中已经有上一炉次留下的剩余铝水了，因此都不计算剩料量，kg。

为什么要在熔炼炉中留有一定的剩料量呢？这是因为在熔炼炉中留一定的剩余铝水将使炉温得到一定的保持，且下一批次加入的炉料会部分浸泡在剩余的铝水中，这样将加快熔化速度、减少烧损量，所以在熔炼炉中要多投放一定的炉料。

设第一炉次熔炼炉的配料量为 $Q_{熔炼炉配料量}$，之后每炉熔炼炉的配料量为 $Q'_{熔炼炉配料量}$，则两者之间有如下关系：

$$Q'_{熔炼炉配料量} = Q_{熔炼炉配料量} - Q_{剩料量} \tag{3.14}$$

对于实际配料量，按照其定义式 $Q_{实际} = Q_{熔炼炉配料量} + Q_{静置炉配料量}$，代入式（3.12）和式（3.13）化简得到常用的计算式：

$$Q_{实际} = Q_{理论} + Q_{烧损} + Q_{剩料量} \tag{3.15}$$

设第一炉次的实际配料量为 $Q_{实际}$，之后每炉的实际配料量为 $Q'_{实际}$，则不难得到两者有如下关系：

$$Q'_{实际} = Q_{实际} - Q_{剩料量} \tag{3.16}$$

影响实际配料量的因素很多，在确定 $Q_{实际}$时，还必须随时掌握生产中发生的情况，如炉内剩料量、磅秤系统误差等，随时调整，以尽可能地提高成品率，收到最好的经济效果。

【**例 3.6**】欲生产 ADC12 合金 100t，其成分控制标准见表 3.8。

表 3.8 某 ADC12 成分控制标准 (%)

Si	Fe	Cu	Mn	Mg	Ni	Zn	Pb	Sn	Ti	其他
9.6~11.0	≤0.8	2.3~2.8	≤0.5	≤0.3	—	≤0.9	—	—	—	—

已知静置炉的最大炉容量是 16t、熔炼炉的最大炉容量是 16t，现场有机械铝、破碎料、灰锭、型材、单质硅、纯铜丝若干。

试计算其熔炼炉配料量、静置炉配料量以及实际配料量。

解： 按照中值原则和最大值原则得到其配料计算值，见表 3.9。

表 3.9 ADC12 的配料值 (%)

Si	Fe	Cu	Mn	Mg	Ni	Zn	Pb	Sn	Ti	其他
10.7	0.8	2.5	0.5	0.3	0	0.9	0	0	0	0

取静置炉的空余量 $Q_{空余量}=2\text{t}$，于是 $(Q_{最大炉容}-Q_{空余量})_{静置炉}=14\text{t}<100\text{t}$，显然其炉次 n 大于 1。

第一炉次和之后炉次分别计算如下：

(1) 第一炉次。由式 (3.6) 得 $Q_{理论}=14\text{t}$。在熔炼炉中只投放机械铝和破碎料，根据之前的生产经验，其 Zn 的估计值取 1.3%，δ_{Zn} 取 0.02%，则：

$$Q_{理论倒水质量}=Q_{理论}\frac{\omega^{\theta}-\delta}{\omega^{估计}}=14\times\frac{0.9-0.02}{1.3}=9.5\approx10\ (\text{t})$$

且 $Q_{理论倒水质量}>\dfrac{Q_{理论}}{2}=\dfrac{14}{2}=7\ (\text{t})$，满足题意。

取烧损量 $Q_{烧损}=1\text{t}$，剩料量 $Q_{剩料量}=3\text{t}$，则由式 (3.13) 得：

$$Q_{熔炼炉配料量}=Q_{理论倒水质量}+Q_{烧损}+Q_{剩料量}=10+1+3=14\ (\text{t})$$

又由式 (3.12) 得：$Q_{静置炉配料量}=Q_{理论}-Q_{理论倒水质量}=14-10=4\ (\text{t})$

所以：$Q_{实际}=Q_{熔炼炉配料量}+Q_{静置炉配料量}=14+4=18\ (\text{t})$

或由式 (3.15) 得：$Q_{实际}=Q_{理论}+Q_{烧损}+Q_{剩料量}=14+1+3=18\ (\text{t})$

(2) 第二炉次及其之后：

$$Q'_{熔炼炉配料量}=Q_{熔炼炉配料量}-Q_{剩料量}=14-3=11\ (\text{t})$$

$$Q'_{静置炉配料量}=Q_{理论}-Q_{理论倒水质量}=14-10=4\ (\text{t})$$

$$Q'_{实际}=Q_{实际}-Q_{剩料量}=18-3=15\ (\text{t})$$

答： 第一炉次的熔炼炉配料量为 14t、静置炉配料量为 4t、实际配料量为 18t，之后炉次的熔炼炉配料量为 11t、静置炉配料量为 4t、实际配料量为 15t。

总结： 以上计算出的实际配料量，仅仅是反映到配料卡片上的一个参考值。由于实际称量炉料的时候，磅秤会有系统误差，也有人为误差的存在，以及炉内剩料量过多或过少的影响，导致实际投放到炉子中的炉料质量并不严格等于实际配料量，而只是围绕其值上下波动。

D　配料计算

高铁组铸造铝合金的配料计算一般按照图 3. 6 所示流程进行。

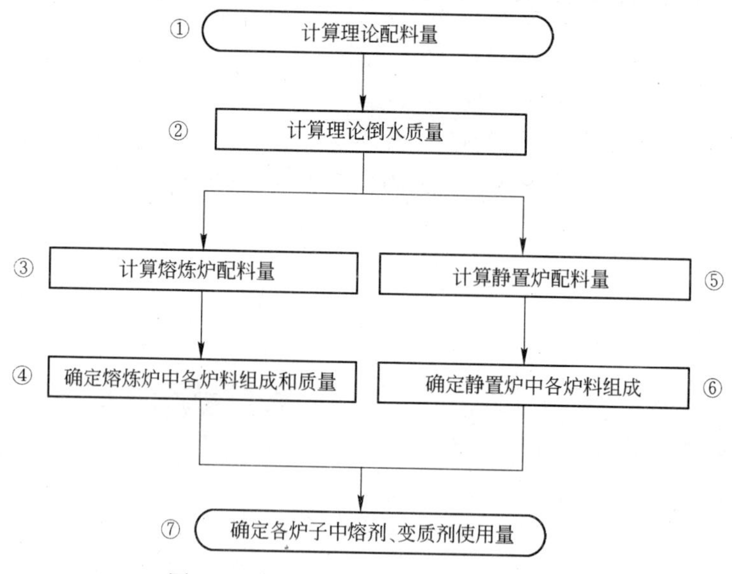

图 3. 6　高铁组铸造铝配料计算流程图

在图 3. 6 配料计算过程中，①、②、③、⑤步骤按照第 3. 2. 2 节和 3. 2. 4. 3 节介绍的方法进行计算。

步骤④中，按照第 3. 2. 4. 2 节介绍的方法确定其炉料种类。至于炉料的质量，则需要综合考虑炉料成分、炉料烧损、现场炉料结构等因素进行合理的搭配，灵活性比较大。

步骤⑥中，静置炉投放的炉料种类按照第 3. 2. 4. 2 节介绍的方法进行确定。那么，为什么在步骤⑥中，不能对静置炉中投放的炉料质量进行计算呢？原因很简单，这是由于熔炼炉中使用的炉料成分未知，无法事先计算出其所需的全部炉料质量。所以，只能确定静置炉中投放的炉料的种类，而无法确定其质量。要确定全部的炉料质量，只有在倒炉后，才能计算出投放的全部的炉料质量。也就是说，在高铁组铸造铝配料计算中，只有炉料的搭配过程，而没有炉料的调配过程，这点有别于变形铝及低铁组铸造铝的配料计算。

步骤⑦中，按照相应的控制标准或工艺规程进行确定。一般熔剂、变质剂的使用量和配料量有关，配料量越大，则需要添加的熔剂、变质剂也就越多，反之则越少。熔剂使用量的计算公式如下：

$$m = \begin{cases} Q_{熔炼炉铝水量}\omega \approx Q^{第一炉次}_{熔炼炉配料量}\omega & （熔炼炉中）\\ Q_{静置炉铝水量}\omega \approx Q_{理论}\omega & （静置炉中）\end{cases} \tag{3.17}$$

式中 $Q_{熔炼炉铝水量}$——熔炼炉中铝水的质量，其值约等于第一炉次的熔炼炉配料量（有部分的烧损），kg；

$Q_{静置炉铝水量}$——静置炉中铝水的质量，其值约等于理论配料量（有部分的烧损），kg；

ω——每吨铝水中熔剂的使用量，该值由各生产厂家工艺标准而定，kg/t。

对于 Si 含量不小于 10% 的铸造铝合金，在化学成分调整好之后，精炼之前需向炉内加入 Al－Sr 变质剂，加入量一般按照 0.8～1.0kg/t 计算（该值由各生产厂家工艺标准而定）。对于用户明确要求不需要添加变质剂的，则不得加入。变质剂的使用量按照如下公式计算：

$$m = Q_{静置炉铝水量}\omega \approx Q_{理论}\omega \tag{3.18}$$

式中 ω——每吨铝水中变质剂的使用量，该值由各生产厂家工艺标准而定，kg/t。

对于高铁铸造铝合金的配料计算，由于之前讲到的第一炉次的实际配料量和之后炉次的实际配料量有所不同，因此在配料计算的时候，一般也分开进行计算。

在配料计算过程中要注意以下几点：

（1）计算结果精确到整数位即可；

（2）第二炉次及之后炉次熔炼炉和静置炉中熔剂的使用量依旧等于第一炉次熔剂的使用量；

（3）静置炉中的各炉料质量无法确定，但可以计算出总的炉料质量。

【例 3.7】 试对例 3.6 中的订单进行配料计算。

解：（1）首先计算第一炉的配料情况。在例 3.6 中，求得 $Q_{理论} = 14t$，$Q_{理论倒水质量} = 10t$，$Q_{熔炼炉配料量} = 14t$，$Q_{静置炉配料量} = 4t$。

在熔炼炉中一共要投放 14t 的料。显然没有超过熔炼炉的最大炉容，且留有一定的空余量便于扒渣。

考虑到实际料场的废料结构，最后熔炼炉中加入的各废料及质量如下：破碎料 6000kg，机械铝 6000kg，型材 2000kg，一共 14000kg。

静置炉中添加的炉料种类为：型材、单质硅、纯铜丝、一共 4000kg。

按照 2.5kg/t 的标准撒熔剂，则：

在熔炼炉中要撒的熔剂质量：$m \approx Q^{第一炉次}_{熔炼炉配料量}\omega = 14 \times 2.5 = 35$（kg）

在静置炉中要撒的熔剂质量：$m \approx Q_{理论}\omega = 14 \times 2.5 = 35$（kg）

变质剂采用 Al－Sr 中间合金，每吨用 1kg，其使用量为 $m \approx Q_{理论} \cdot \omega = 14 \times 1 = 14$（kg）。

（2）第二炉及之后炉次的配料计算和第一炉差不多，只是在熔炼炉中要少投放 3t 的炉料。

在例 3.6 中，求得 $Q'_{熔炼炉配料量} = 11\text{t}$，$Q'_{保温炉配料量} = 4\text{t}$。

最后的配料计算结果如下：熔炼炉中：破碎料 6000kg、机械铝 5000kg，一共 11000kg。静置炉中：型材、单质硅、纯铜丝、一共 4000kg。

熔炼炉中仍然要撒 35kg 的熔剂，在静置炉中依旧撒 35kg 的熔剂。变质剂采用 Al－Sr 中间合金，使用量为 14kg。

3.2.5 静置炉中炉料质量的确定

在上一节中讲到，高铁铸造铝配料计算中，只有炉料的搭配过程，而没有调配过程。其实，调料过程放到了倒炉后，在静置炉中加硅、铜及降温料的工艺环节。确定静置炉中炉料质量的过程，其实就是确定加硅、铜以及降温料质量的过程。

加硅、铜，指倒炉后，在静置炉中添加 Si、Cu、Mn 等比 Al 熔点高的合金主元素的过程。由于铸造铝合金中主元素都含有 Si、Cu 两种元素，因此统称为加硅、铜。添加完毕后，将关闭炉门对静置炉进行升温并保温一定的时间使添加的炉料完全熔化。

Si、Cu、Mn 等合金元素均以单质的形式加入（如果加入的 Cu 混有部分黄铜，应考虑黄铜中的 Zn）。另外，Mg 有时候用含 Mg 较高的铣屑（如 3×××系铣屑），这样不但可以节约纯镁锭，还可以起到充当部分降温料的作用。部分主元素所用炉料见表 3.10。

表 3.10 部分主元素所用炉料

合金元素	所用炉料	备　注
Si	单质硅	
Fe	Al－Fe 中间合金	某些厂家也用铁剂
Cu	铜丝或铜板	如加入的铜中混有部分黄铜，应考虑黄铜中的 Zn
Mn	单质锰	
Mg	纯镁锭	有时用含镁较高的铣屑，如 3×××系铣屑
Ti	Al－Ti 中间合金	

加入的各炉料的质量按照下式计算：

$$m = \frac{Q_{理论}\omega^{\theta} - Q_{实际倒水质量}\omega}{b} \tag{3.19}$$

式中 ω^{θ}——配料值,%;

ω——倒炉后，静置炉中炉前分析值,%;

b——所加炉料中合金元素的含量（对于纯单质取 100%）,%。

加降温料，指加入静置炉中的硅、铜等完全熔化后，此时的炉温比较高，需要添加炉料使其炉温快速降低到工艺控制温度的操作过程。加降温料有如下三点作用：

（1）使静置炉炉温快速降低到工艺控制温度；

（2）降低 Si、Cu 等合金元素的含量到控制标准；

（3）控制静置炉中总的铝水含量使其等于理论配料量，保证最终的产量。

降温料一般选取含 Si、Cu、Mn、Mg 等合金元素较低的炉料，如型材、铝线、变形铝的铣屑等。降温料的质量按照如下公式计算：

$$m = Q_{理论} - Q_{实际倒水质量} - (m_{Si} + m_{Cu} + \cdots) = Q_{理论} - Q_{实际倒水质量} - \Sigma m \quad (3.20)$$

式中 Σm——加硅、铜工艺过程中添加的炉料总质量，kg。

【例 3.8】 生产某厂家 ADC12 合金，其成分控制标准、配料值和倒炉后静置炉中炉前分析值见表 3.11。已知某次生产中，理论配料量 $Q_{理论}$ 为 14t，实际倒水质量 $Q_{实际倒水质量}$ 为 10t。现场有机械铝、破碎料、灰锭、型材、单质硅、纯铜丝若干。试确定静置炉中各炉料的质量。

表 3.11 某 ADC12 的成分控制标准、配料值及炉前分析值

名 称	各元素含量/%						
	Si	Fe	Cu	Mn	Mg	Zn	其他
控制标准	9.6~11.0	≤0.8	2.3~2.8	≤0.5	≤0.3	≤0.9	—
配料值	10.7	0.8	2.5	0.5	0.3	0.9	0
分析值	9	0.8	2	0.2	0.12	1.2	—

解： 首先确定静置炉中添加的炉料种类为：单质硅、纯铜丝、型材。

由式（3.19）得到（注意各炉料质量的单位要用千克）：

$$m_{Si} = \frac{Q_{理论}\omega_{Si}^{\theta} - Q_{实际倒水质量}\omega_{Si}}{b_{Si}} = \frac{14000 \times 10.7\% - 10000 \times 9\%}{100\%} = 598 \text{ (kg)}$$

$$m_{Cu} = \frac{Q_{理论}\omega_{Cu}^{\theta} - Q_{实际倒水质量}\omega_{Cu}}{b_{Cu}} = \frac{14000 \times 2.5\% - 10000 \times 2\%}{100\%} = 150 \text{ (kg)}$$

由式（3.20）得到：

$$m = Q_{理论} - Q_{实际倒水质量} - \Sigma m = 14000 - 10000 - (598 + 150) = 3252 \text{ (kg)}$$

答： 需要在静置炉中添加单质硅 598kg，纯铜丝 150kg，型材 3252kg。

注意： 若 Cu 是以黄铜加入，则需要计算出里面 Zn 的质量，并验算铝水中 Zn 含量是否超标。如果超标，则必须用纯铜。

【例 3.9】 生产某厂家 AC4B 合金，其成分控制标准、配料值和倒炉后静置炉中炉前分析值见表 3.12。已知某次生产中，理论配料量为 14t，实际倒水质量为 10t。现场有机械铝、破碎料、灰锭、型材、单质硅、纯铜丝、纯镁锭、3×××系铣屑（其中 Mg 含量约 1.1%、Mn 含量约 1.15%，其他元素含量不计）若干。试确定静置炉中各炉料的质量。

表 3.12 某 AC4B 的成分控制标准、配料值及炉前分析值

名 称	各元素含量/%						
	Si	Fe	Cu	Mn	Mg	Zn	其他
控制标准	8.8~9.8	≤0.8	2.15~3.15	≤0.5	0.3~0.5	≤0.9	—
配料值	9.6	0.8	2.45	0.5	0.45	0.9	0
分析值	8	0.3	1.9	0.15	0.2	1.2	—

解： 由于现场有较多的 3×××系铣屑，因此，对于 Mg 元素可以优先选用 3×××系铣屑。所以静置炉中添加的炉料种类初步确定为：单质硅、纯铜丝，3×××系铣屑。

由式（3.19）得到（注意各炉料质量的单位要用千克）：

$$m_{Si}=\frac{Q_{理论}\omega_{Si}^{\theta}-Q_{实际倒水质量}\omega_{Si}}{b_{Si}}$$

$$=\frac{14000\times9.6\%-10000\times8\%}{100\%}=544\ (kg)$$

$$m_{Cu}=\frac{Q_{理论}\omega_{Cu}^{\theta}-Q_{实际倒水质量}\omega_{Cu}}{b_{Cu}}$$

$$=\frac{14000\times2.45\%-10000\times1.9\%}{100\%}=153\ (kg)$$

$$m_{3\times\times\times系铣屑}=\frac{Q_{理论}\omega_{Mg}^{\theta}-Q_{实际倒水质量}\omega_{Mg}}{b_{Mg}}$$

$$=\frac{14000\times0.45-10000\times0.2}{1.1}\approx3909\ (kg)$$

此时 3×××系铣屑除了能够提供 Mg 元素外，还起到了降温料的作用。

由式（3.20）得到：

$$m=Q_{理论}-Q_{实际倒水质量}-\Sigma m$$

$$=14000-10000-(544+153+3909)=-606<0$$

所以不用再添加其他降温料了。

最后，验算 3×××系铣屑会不会使其他合金元素成分超标，这里只考虑 Mn 元素：

铝水中允许的 Mn 的最大含量为：14000×0.5% =70（kg）

实际估算含量为10000 ×0.15% +3909 ×1.15% ≈60（kg）

显然 70 >60，所以不会使 Mn 超标，满足生产要求。

在静置炉投放的炉料顺序为：在加硅、铜环节只投放单质硅和单质铜，然后在加降温料的环节投放3×××系铣屑。

答：需要在静置炉中添加单质硅 544kg，纯铜丝 153kg，3×××系铣屑3909kg。

总结：在计算降温料环节出现了负数，表示总的配料量比理论配料量多了606kg。考虑到3×××系铣屑中的 Mg 含量本来就是一个估计值，虽然多了606kg，但还是在实际生产的控制精度内。另外，用了含 Mg 量较高的3×××系铣屑来提供 Mg 元素，还使其充当了降温料的作用。一般不建议用5×××系的铣屑，虽然其 Mg 含量比3×××系还要高，但是其中含有价格较高的 Cr 元素。

3.3 化学成分调整

铸造铝合金的化学成分调整和变形铝合金几乎完全一样。不同的是，变形铝合金调整成分一般以熔炼炉为主，静置炉为辅（静置炉原则上不调整成分或少量调整），而铸造铝合金都是在静置炉中进行的。

另外，对于铸造铝合金一般不涉及炉料调整（即换料、减料、加料），这里就不再详细讲解，请参考2.3节相关内容。

3.3.1 补料计算

和变形铝一样，在铸造铝的生产中，当炉前快速分析结果低于实际控制标准时，需要进行补料操作，使合金的化学成分升至标准范围之内，与之相关的计算称做补料计算。一般只对主元素进行补料操作，有时某些合金对杂质元素含量有最低控制要求的，也需对杂质元素进行补料操作。

对于铸造铝，补料用的炉料都用对应元素的单质来进行补料，原则上不用中间合金调整成分，表3.13列出了部分元素补料用炉料。

表3.13 部分元素补料用炉料

合金元素	补料用炉料	备注
Si	单质硅	
Fe	Al－Fe 中间合金或铁剂	一般情况 Fe 不会偏低
Cu	铜丝或铜板	如果加入的铜中混有部分黄铜，应考虑黄铜中的 Zn
Mn	单质锰	
Mg	纯镁锭	
Ti	Al－Ti 中间合金	一般出现在低铁组中

设成分偏低的元素为 x（一般为主元素），补料所加炉料质量为 m，则：

$$m = \frac{Q(\omega^{\theta} - \omega) + (C_1 + C_2 + \cdots)\omega^{\theta}}{b - \omega^{\theta}} \tag{3.21}$$

式中 Q——炉内铝水质量（一般可以按照 $Q_{理论}$来估算），kg；

ω^{θ}——x 的要求含量（一般为其配料值），%；

ω——静置炉中 x 的炉前分析值（此时成分偏低），%；

C_1，C_2，…——其他金属或中间合金的加入量，kg；

b——补料用炉料中 x 的含量（一般比配料值 ω^{θ} 大得多），%。

补料的时候，由于静置炉中总的投料量增加了，因此会降低其他合金元素的含量（即冲淡了其他合金元素）。当补料量较大的时候，需特别考虑。

3.3.1.1 单个元素成分偏低的补料计算

【例 3.10】生产某 ADC12 合金，其控制标准、配料值和静置炉中炉前成分分析值见表 3.14。已知静置炉中铝水约 14t，现场有单质硅和纯铜丝。问该炉次需要补料吗？如果需要补料，试确定出补料用炉料的种类和质量。

表 3.14 某 ADC12 的成分控制标准、配料值及炉前分析值

名 称	各元素含量/%						
	Si	Fe	Cu	Mn	Mg	Zn	其他
控制标准	9.6~11.0	≤0.8	2.3~2.8	≤0.5	≤0.3	≤0.9	—
配料值	10.7	0.8	2.5	0.5	0.3	0.9	0
分析值	10.1	0.4	2.2	0.2	0.15	0.6	—

解：虽然 Si 的成分低于配料值，但是仍然在控制标准范围内，不需要补料；Cu 的成分显然已经低于控制标准了，需要补料。

该合金属于高铁组，补料用的炉料为纯铜丝，质量为：

$$m_{Cu} = \frac{Q(\omega^{\theta}_{Cu} - \omega_{Cu})}{b_{Cu} - \omega^{\theta}_{Cu}} = \frac{14000 \times (2.5 - 2.2)}{100 - 2.5} \approx 43 \text{ (kg)}$$

最后，核算主元素 Si 的成分含量：

$$\frac{14000 \times 10.1\%}{14000 + 43} \approx 10.07\%$$

显然，Si 在控制标准范围内。

答：需要补料，补料用炉料及质量为：纯铜丝 43kg。

3.3.1.2 多个元素成分偏低的补料计算

【例 3.11】生产某 ZLD101 合金，其成分控制标准、配料值和静置炉中炉前分析值见表 3.15。已知静置炉中铝水约有 14t，现场有单质硅、纯铜丝和镁锭。问该炉次需要补料吗？如果需要补料，试确定出补料用炉料的种类和质量。

表 3.15 某 ZLD101 的成分控制标准、配料值及炉前分析值

名称	各元素含量/%						
	Si	Fe	Cu	Mn	Mg	Zn	其他
控制标准	6.5~7.0	≤0.5	3.0~3.5	≤0.3	0.15~0.35	≤0.2	—
配料值	7.0	0.5	3.07	0.3	0.30	0.2	0
分析值	6.4	0.2	2.9	0.15	0.15	0.01	—

解： 显然 Si、Cu 的成分偏低了，需要补料；对于 Mg，虽然分析值刚好在控制标准内，但是考虑到其烧损率比较大，之后精炼等工艺环节后，成分会有所降低，所以也需要补料。

该合金属于低铁组，补料用的炉料及其质量分别为：

$$m_{Mg} = \frac{14000 \times (0.3 - 0.15)}{100 - 0.3} \approx 21\ (kg)$$

$$m_{Cu} = \frac{14000 \times (3.07 - 2.9) + 21 \times 3.07}{100 - 3.07} \approx 25\ (kg)$$

$$m_{Si} = \frac{14000 \times (7.0 - 6.4) + (21 + 25) \times 7.0}{100 - 7.0} \approx 94\ (kg)$$

答： 需要补料，补料用炉料及质量为：镁锭 21kg、纯铜丝 25kg、单质硅 94kg。

3.3.2 冲淡计算

和变形铝一样，在铸造铝的生产中，当炉前快速分析结果高于实际控制标准时，需要进行冲淡操作，使合金的化学成分降至标准范围之内，与之相关的计算称做冲淡计算。

当杂质元素或主元素超标，都需进行冲淡操作。对于高铁组和低铁组的铸造铝合金，冲淡用的炉料一般按照如下几点进行选取：

(1) 高铁组优先选用铝型材、铝线；

(2) 低铁组优先选用 1×××系、3×××系铣屑；

(3) 特殊情况，以上两组合金可以使用重熔用铝锭或电解铝液。

设静置炉中成分偏高的元素为 x，冲淡所加的炉料量为 m，则：

$$m = Q\frac{\omega - \omega^{\theta}}{\omega^{\theta} - b} \approx Q_{理论}\frac{\omega - \omega^{\theta}}{\omega^{\theta} - b} \tag{3.22}$$

式中 Q——炉内铝水质量（约等于 $Q_{理论}$），kg；

ω^{θ}——x 的要求含量，一般取 x 成分标准的上限值，%；

ω——静置炉中 x 的炉前分析值（此时成分偏高），%；

b——冲淡用炉料中 x 的含量，%。

当冲淡用炉料中元素含量可以忽略不计时（如重熔用铝锭或电解铝液），公

式可以进一步简化为：

$$m \approx Q_{理论} \frac{\omega - \omega^{\theta}}{\omega^{\theta}} \tag{3.23}$$

冲淡后不但使超标元素含量降低了，而且也使其他元素含量都降低了，所以一般冲淡后都要进行补料操作。

3.3.2.1 单个元素成分超标的冲淡计算

【例3.12】 生产某ADC12合金，其化学控制标准、配料值和静置炉中炉前分析值见表3.16。已知静置炉中铝水约有14t，现场有铝型材、铝线、1×××系铣屑、3×××系铣屑以及重熔用铝锭。问该炉次需要冲淡吗？如果需要冲淡，试确定出冲淡用炉料的种类和质量。

表3.16 某ADC12各成分控制标准、配料值及炉前分析值

名 称	各元素含量/%						
	Si	Fe	Cu	Mn	Mg	Zn	其他
控制标准	9.6~11.0	≤0.8	2.3~2.8	≤0.5	≤0.3	≤0.9	—
配料值	10.7	0.8	2.5	0.5	0.3	0.9	0
分析值	10.1	0.9	2.4	0.2	0.15	0.6	—

解： 显然Fe的成分已经大于控制标准了，需要进行冲淡。

该合金属于高铁组，冲淡用的炉料选用铝型材，则：

$$m \approx Q_{理论} \frac{\omega - \omega^{\theta}}{\omega^{\theta}} = 14000 \times \frac{0.9 - 0.8}{0.8} = 1750\ (\mathrm{kg})$$

答： 需要冲淡，冲淡用炉料及质量为：铝型材1750kg。

3.3.2.2 多个元素成分超标的冲淡计算

【例3.13】 生产某ZLD101合金，其化学控制标准、配料值和静置炉中炉前分析值见表3.17。已知静置炉中铝水约有14t，现场有铝型材、铝线、1×××系铣屑、3×××系铣屑以及重熔用铝锭。问该炉次需要冲淡吗？如果需要冲淡，试确定出冲淡用炉料的种类和质量。

表3.17 某ZLD101各成分控制标准、配料值及炉前分析值

名 称	各元素含量/%						
	Si	Fe	Cu	Mn	Mg	Zn	其他
控制标准	6.5~7.0	≤0.5	3.0~3.5	≤0.3	0.15~0.35	≤0.2	—
配料值	7.0	0.5	3.07	0.3	0.30	0.2	0
分析值	7.5	0.6	3.1	0.15	0.15	0.01	—

解： 显然Si、Fe的成分都超标了，需要进行冲淡。该合金属于低铁组，冲

淡用的炉料选用1×××系铣屑，则按照Si来计算冲淡量有：

$$m \approx 14000 \times \frac{7.5-7.0}{7.0} = 1000\ (\text{kg})$$

按照Fe来计算冲淡量有：

$$m \approx 14000 \times \frac{0.6-0.5}{0.5} = 2800\ (\text{kg})$$

取两者的最大值，所以最终冲淡用炉料量为：max（1000，2800）=2800kg。

答：需要冲淡，冲淡用炉料及质量为：1×××系铣屑2800kg。

总结：某些1×××系铣屑中还含有较高的Mg，如1A25（其Mg含量约0.25%），这时还要考虑用1×××系铣屑冲淡是否会使Mg超标。

4 板锭生产计划

生产计划是关于企业生产运作系统总体方面的计划，是企业在计划期应达到的产品品种、质量、产量和产值等生产任务的计划和对产品生产进度的安排，是指导企业计划期生产活动的纲领性方案。

一个优化的生产计划必须具备以下三个特征：

（1）有利于充分利用销售机会，满足市场需求；

（2）有利于充分利用盈利机会，实现生产成本最低化；

（3）有利于充分利用生产资源，最大限度地减少生产资源的闲置和浪费。

生产计划的任务：

（1）要保证交货日期和生产量；

（2）使企业维持同其生产能力相称的工作量及适当开工率；

（3）作为物料采购的基准依据；

（4）将重要的产品或物料的库存量维持在适当水平；

（5）对长期的增产计划，做人员与机械设备补充的安排。

生产计划按照时间周期可以分为：长期生产计划、年度生产计划、中日程生产计划。其中长期生产计划和年度生产计划也称为大日程生产计划，主要是指企业宏观方向的计划；而中日程生产计划主要是对大日程计划的具体细化。本书讨论的生产计划主要是指铝合金的中日程的生产计划。

铝合金的生产计划主要包含变形铝合金板锭、圆锭以及铸造铝合金的生产计划。本章讨论变形铝合金板锭的生产计划，第5章讨论变形铝合金圆锭的生产计划，第6章讨论铸造铝合金的生产计划。

4.1 板锭概述

铝合金板锭主要用于锻造、滚轧、辗压、挤压成各种板材、带材、箔材、型材等。在航天、航空、食品、交通、建筑、电子、包装等工业领域应用十分广泛，如易拉罐、轻轨（地铁）车身、飞机机身、铝幕墙等。下面从生产计划的角度对板锭做简单的介绍。

4.1.1 方锭和扁锭

变形铝合金板锭，包括方锭和扁锭，如图4.1所示。

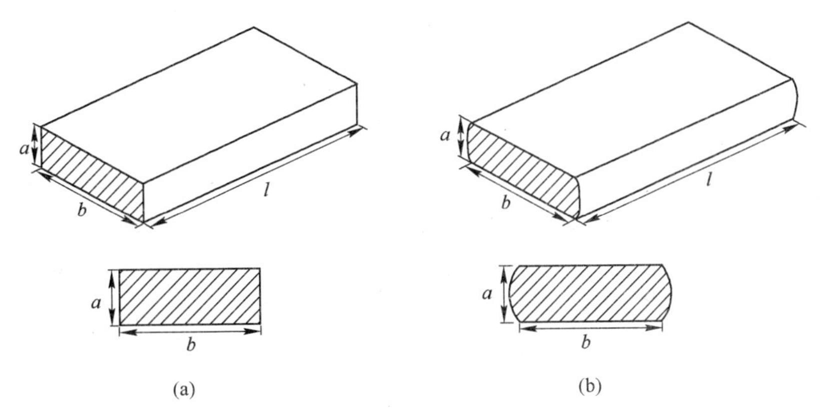

图 4.1 板锭示意图

(a) 方锭及其横截面示意图;(b) 扁锭及其横截面示意图

两种板锭只是在横截面(图 4.1 中阴影部分)厚度边上(图 4.1 中的 a 边)略有差异。方锭的厚度边是直线型的(或近直线型),而扁锭的厚度边是弧线型的(或楔形)。不过对于生产计划的制定而言,两者完全相同。在之后的叙述中,不特意区分方锭和扁锭。

4.1.2 板锭的标记

板锭的规格(包括厚度、宽度和长度三个参数,有时又特指厚度和宽度两个参数)和根数,一般采用如下的方式记忆书写:

$$a \times b \times l = n$$

式中 a——铸锭的厚度,mm;

b——铸锭的宽度,mm;

l——铸锭的长度,mm;

n——铸锭的根数。

如 510×1350×4500=2,表示该铸锭的厚度为 510mm,宽度为 1350mm,长度为 4500mm,一共有 2 根。

4.1.3 板锭的铸造方法

铸造[1,2],即是将符合铸锭要求的液态金属通过一系列转注工具浇入一定形状的铸模(结晶器)中,使液态金属在重力场或外力场(如电磁力、离心力、振动惯性力等)的作用下充满铸模型腔,冷却后得到一定形状和尺寸铸锭的过程。目前国内应用较多的是不连续铸造、连续铸造以及半连续铸造。

不连续铸造,也称锭模铸造,即铸锭相对铸模静止,铸锭长度受铸模高度限制,过程不连续的铸造。锭模铸造是一种比较原始的铸造方法。总的来说,其产品内部质量差（容易氧化夹渣、起皮起泡）、成品率低、劳动强度大，也不便于组织大规模自动化生产，因此，已逐渐被淘汰。

连续铸造，是指以一定的速度将金属液浇入结晶器内并连续不断地以一定的速度将铸锭拉出来的铸造方法。如果只浇注一段时间后把一定长度的铸锭拉出来再进行第二次浇注称半连续铸造。与锭模铸造相比，这两种铸造方法具有铸锭质量高、成品率高、生产率高等优点，所以在实际生产中使用最为广泛。

连续铸造和半连续铸造按照铸锭拉出的方向不同，又可分为立式铸造和卧式铸造。立式铸造的特征是铸锭以竖直方向拉出，而卧式铸造（又称为水平铸造或横向铸造）的特征是铸锭沿水平方向拉出。

本书主要论述板锭立式半连续铸造方式的生产计划的制定。对于其他铸造方式的生产计划的制定与之类似，请参阅本章相关内容。

4.2 计划制定的原则

4.2.1 最优化组合原则的定义

在计划的制定过程中，总是朝着尽可能地缩短生产周期、减少人力成本、降低原材料成本、提高产品成品率等原则来合理搭配产品的生产时间和顺序，这些优化原则被称做最优化组合原则。

对于不同的行业或产品，其最优化组合原则的具体内容有所不同，下面将详细讨论板锭生产计划的最优化组合原则。

4.2.2 具体内容分析

在变形铝合金板锭的生产计划中，最优化组合原则的具体内容如下：

（1）不同种类的合金不能安排在同一个炉次。由于不同种类的合金，其成分控制标准和工艺参数都不尽相同，因此不同种类的合金是不准安排在同一个炉次中的。

（2）尽量按照计划单的交货时间先后顺序来安排，保证正常、按时交货。

（3）相同厚度和宽度的板锭，先下长度较长的后下长度较短的，尽量提高产品的几何成材率。因为如果长度较长的铸锭由于产生局部裂纹、短尺等现象，那么在锯切加工的时候，可以改切成长度较短的规格；相反，如果首先生产的是长度较短的铸锭，一旦出现局部裂纹、短尺等现象，将无法改加工为较短的铸锭而导致整根铸锭报废。

在实际生产中，常常把两根（或多根）厚度和宽度相同的铸锭长度相加，铸造成一根较长的铸锭（如图 4.2 所示），然后锯切为各长度。一旦出现局部裂纹、短尺等现象，在锯切加工的时候，可以改切成长度较短的规格，使铸锭不至于整根报废，最大限度地提高产品的成材率。

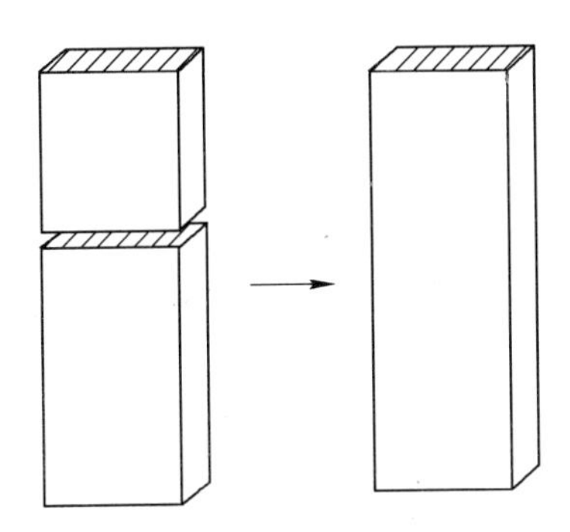

图4.2　两根板锭连接成一根板锭

(4) 先下规格（厚度和宽度）较大的板锭，后下规格较小的板锭，这也是为了尽量提高产品的几何成材率。因为如果较大规格的铸锭由于产生表面裂纹、弯曲等现象，那么在后续加工的时候，有可能铣成较小的规格；相反，如果首先生产的是较小规格的铸锭，一旦出现表面裂纹、弯曲等现象，将无法改加工为较小规格的铸锭而导致整根铸锭报废。该原则可以细化为如下四条：

1）当两铸锭厚度相同时，先下宽度较宽的；

2）当两铸锭宽度相同时，先下厚度较厚的；

3）当一根铸锭比另一根铸锭的厚度和宽度都大时，则先下该铸锭；

4）除以上三种情况，则两铸锭的下计划顺序任意先后。

(5) 尽可能减少更换结晶器和底座的次数。结晶器，即铸造用的铸模，俗称冷凝槽，板锭用结晶器如图4.3所示，它是铸造成型的关键部件。其规格决定着铸锭的厚度（见图4.3中的 a 边）和宽度（见图4.3中的 b 边）。根据规格的可调节性可将结晶器分为固定结晶器和可调结晶器。无论是哪种结晶器，其安装和调试都将花费较多的人力和时间（尤其是可调结晶器，调试比较耗时）。

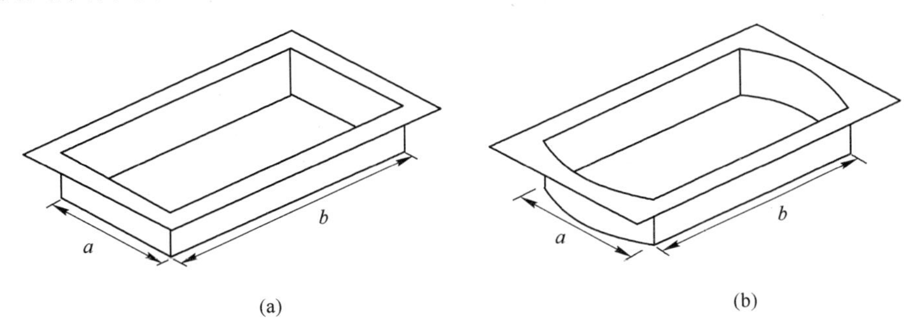

图4.3　板锭用结晶器示意图

(a) 方锭用结晶器；(b) 扁锭用结晶器

底座是用于引锭和支撑的装置。铸造开始时，底座上端伸入结晶器内，作为结晶器的活底，和结晶器一道起成型作用。在铸造过程中，铸造机的传动运行机构通过底座将铸锭不断拉出结晶器，对铸锭起牵引和支承作用。底座和结晶器的规格是配套的，用多大规格的结晶器，底座就该更换或调节为多大规格，然而底座的更换和调节也需要花费较多的时间。

因此，为了节约人力和时间，应尽可能地减少更换结晶器和底座的次数。

（6）多台炉子同时下计划时，如果某规格的结晶器不够多台炉子同时使用时，必须把时间点错开。结晶器所用材料通常采用经冷加工的紫铜或者经过淬火的 2A50 和 6061 合金锻造的毛坯和厚板制造，其成本比较昂贵。企业出于成本以及设备利用率的考虑，每种规格的结晶器不可能订购太多。

所以，当结晶器不够多台炉子同时使用时，必须把铸造的时间点错开。否则，只有等第一台炉子铸造完毕后，第二台炉子方可铸造，这将大大浪费时间和能源。

（7）各规格的产品不能共用一套盖板时，不能安排在同一个铸次。铸造用的盖板（如图 4.4 所示）主要起到固定结晶器的作用，另外还可方便工人站在上面进行打润滑油、打渣、铸锭标号等操作。其上还包含了水冷装置，起到对铸锭冷却的作用。一套盖板只能供某一尺寸范围的结晶器所使用，安排在同一个铸次的铸锭，其规格必须都在盖板所允许的尺寸范围内。

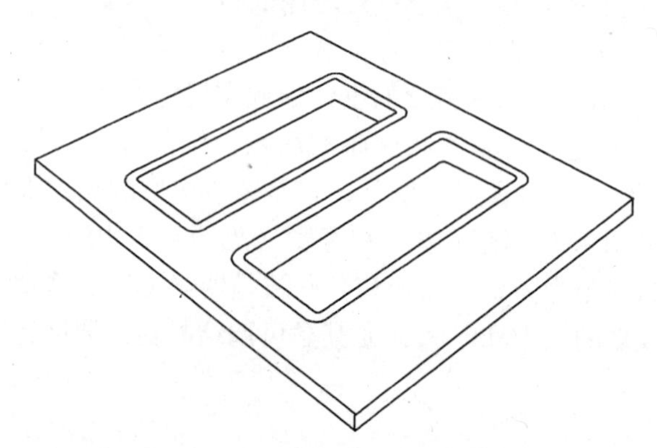

图 4.4　板锭铸造用盖板示意图

例如，某盖板可以供厚度为 510mm，宽度为 990 ~ 1350mm 的结晶器使用，如果欲把 510 × 1260 和 400 × 1700 两规格的板锭安排在一个铸次中，由于 400 × 1700 的规格不在这套盖板的规格范围内，所以不能把这两种规格的铸锭安排在同一个铸次中。

（8）尽可能地减少更换盖板的次数。当本铸次使用的盖板和前一次使用的盖板不一样时，就必须更换盖板。

例如上一次所使用的盖板可以供厚度为 510mm，宽度为 990 ~ 1350mm 的结晶器使用，如果本次欲生产 510 × 1700 规格的板锭，由于宽度为 1700mm 已经超过了这套盖板的规格范围，因此必须更换其他盖板。

与更换结晶器和底座一样，更换盖板也会浪费较多的人力和时间。因此应尽量减少更换盖板的次数，节约人力和时间，提高生产效率。

(9) 各炉次的投料量尽量达到最大炉容量。只有保证炉子满负荷的生产，才能最大化地提高生产效率。另外，当投料量较少时，炉料熔化成铝水后，会有较大面积的炉膛内壁未被铝水浸泡而处于较高的温度场中，这样将使构建炉膛内壁的耐火砖长期处于高温煅烧之中，从而缩短炉子的使用寿命。所以，应尽可能地使投料量最大化。

在实际生产中，要控制投料量大于炉子最大容量的某一百分比（如50%），当小于此百分比时将放弃本炉计划。

(10) 应使总的炉次数尽可能地少。炉次是炼铝的最小基本单位，一个炉次是指同时在同一个熔炼炉内熔炼，从开始熔炼到浇铸为止的整个过程。某个计划中炉次的总和称做炉次数。炉次数越多，熔炼的时间也越长，消耗的能源也越多，所以应尽量减少炉次数。

这里要区分下熔次的概念。熔次是指同时在同一个熔炼炉内熔炼，从熔炼开始到熔炼结束的整个过程。某个计划中熔次的总和称做熔次数。由于在铝合金熔铸行业中，每一炉次都只包含一个熔次，一般情况下不刻意区分炉次和熔次的差别，两者可以通用。

(11) 每炉次尽量只安排一个铸次，避免两个或两个以上的铸次出现。铸次是指在某一炉次中，从开始铸造到铸造结束的整个过程。一个炉次可以包含两个或两个以上的铸次。考虑到铝水在静置炉中的静置时间不能太长（否则要重新开火升温、精炼、取样分析等），一般每一炉次原则上只安排一个铸次，应尽量避免两个或两个以上的铸次出现。实际计划制定中，应将只有一个铸次的炉次排在靠前的位置，把铸次较多的炉次安排在靠后的位置。

(12) 应使总的铸造时间尽可能地短。某铸次的铸造时间是指在某一铸次中，从开始铸造到铸造结束整个过程所经历的时间。总的铸造时间即各铸次铸造时间的总和。为了缩短生产周期，应尽可能地缩短总的铸造时间。

(13) 每铸次铸锭的根数不能超过铸机允许的最多根数。铸造机允许同时铸造的铸锭根数，是衡量一台铸造机铸造性能的一个重要指标。对于板锭，目前国内较普遍的有1根、2根、3根、4根以及5根等，每铸次铸造的铸锭根数不能超过铸造机允许的最多根数。

(14) 每铸次所有铸锭的铸造长度必须相等且不能超过铸造机允许的最大长度。如果在同一个铸次中安排铸造长度不相等的铸锭，当较短规格的铸锭停止铸造后剩余铸锭继续铸造，随着底座的下降将使提前铸造完毕的较短的铸锭与冷却水接触，此时铸锭的浇口部位还残留有少量在铸造收尾时没能及时冷却凝固的铝液。固态或液态铝能与水蒸气直接反应生成氧化铝和原子氢，原子氢一部分被铝所吸收，其他的化合成分子氢进入大气。反应式如下：

$$3H_2O + 2Al \xlongequal{} Al_2O_3 + 6H$$

该反应十分激烈，只要有一点点水分进入铝液中，就有可能引起爆炸（俗称放炮），造成事故。因此出于安全角度考虑，每铸次所有铸锭的铸造长度必须相等。

铸造机允许铸造的铸锭最大长度，是衡量一台铸造机铸造性能的另一个重要指标。其值与铸造井深度以及铸造机承力的吨位有关（对于板锭，目前国内最大铸造长度可达13m或更长），所有铸锭的长度都不允许超过这一值。

（15）每铸次的铸锭要尽可能均匀对称分布。如果铸锭排布不均匀对称，则会引起铸造机受力不平衡，此时力矩必须控制在一个可允许的范围内，否则可能引起铸锭弯曲、拉漏等质量问题，严重时会引起铸造机倾翻造成安全事故。

在板锭的生产中，所有铸锭都是并排在一条直线上的。下面列出了铸造机允许同时铸造的最多根数为4根且所有铸锭规格相同时的各种排布情况：

1）允许排布的情况（共3种），如图4.5所示。

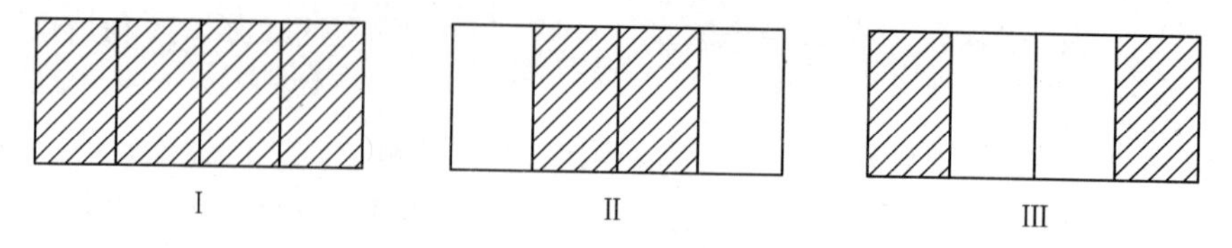

图4.5　允许排布的情况

2）不允许排布的情况（共4种），如图4.6所示。

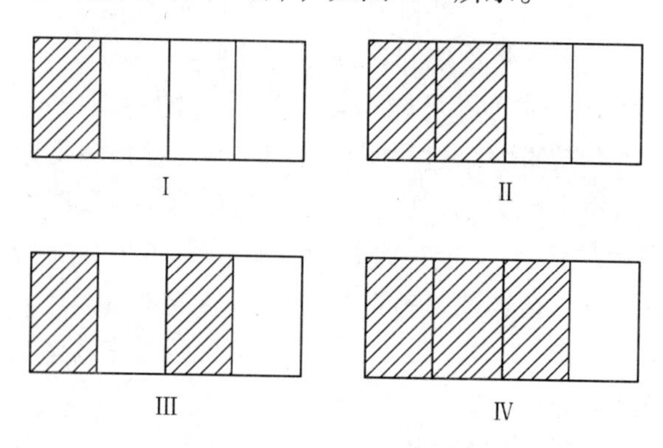

图4.6　不允许排布的情况

3）需要计算力矩后才可判断是否允许排布的情况（共2种），如图4.7所示。

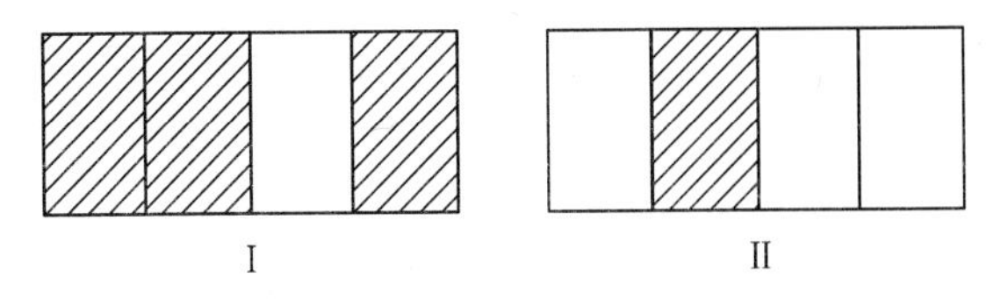

图 4.7　需要判断是否允许排布的情况

对于一个铸次中，有两种或两种以上的规格出现时，必须先计算出力矩方可判断是否允许排布。实际生产中，有一种比较粗略但简便的方法，即计算出不对称两边的质量差 Δm，然后判断 Δm 是否在铸机允许的最大质量差内即可（注：铸机允许的最大质量差一般根据理论估算、实际试验以及长期的生产经验综合测得）。

【例 4.1】 已知某铸造机允许同时铸造的最多根数为 2，允许的最大质量差为 300kg，5052 合金 510 × 1350、510 × 1380、510 × 1630 三种规格的每米质量分别为：1.837t/m、1.874t/m、2.208t/m，问：

（1）是否可以把 510 × 1350 × 4500 = 1 和 510 × 1380 × 4500 = 1 两规格的 5052 铸锭排在同一铸次中？

（2）是否可以把 510 × 1350 × 5000 = 1 和 510 × 1630 × 5000 = 1 两规格的 5052 铸锭排在同一铸次中？

解：（1）由题可得：

510 × 1350 × 4500 的质量为：$1.837 \times 10^3 \times 4.5 = 8266.5$（kg）

510 × 1380 × 4500 的质量为：$1.874 \times 10^3 \times 4.5 = 8433$（kg）

$$\Delta m = |8266.5 - 8433| = 166.5 < 300$$

所以，这两种规格的 5052 铸锭可以安排在同一铸次中。

（2）同理有：

510 × 1350 × 5000 的质量为：$1.837 \times 10^3 \times 5 = 9185$（kg）

510 × 1630 × 5000 的质量为：$2.208 \times 10^3 \times 5 = 11040$（kg）

$$\Delta m = |9185 - 11040| = 1855 > 300$$

所以，这两种规格的 5052 铸锭不可以安排在同一铸次中。

4.3　生产计划的制定

经济学家 Dale McConkey 曾经说过：计划的制定比计划本身更为重要。生产计划的制定在整个生产环节起到一个先决性作用，是十分重要的一环。对于变形铝合金板锭生产计划的制定，其内容如下：

（1）确认订单，包含产品的种类、需求量、交货日期、成分标准以及其他特殊要求；

（2）计划的排布，包含确定产品的每一炉次的熔次号、规格、根数、配料量、加工计划、铸次、铸造方式以及总的炉次数等；

（3）确定产品最终出货日期（应该早于交货日期）；

（4）填写计划到计划统计表中。

4.3.1 订单的确认

一张典型的变形铝合金板锭生产订单如图 4.8 所示。

××厂家采购订单

技术标准：Q/SWAJ4157—2011

订单编号：20××0501

序号	牌号	规格及数量	交货日期	备注
1	5052	510×990×4000=3	××年 5.20	共计 37 根
2	5052	510×990×4300=1		
3	5052	510×1060×2500=1		
4	5052	510×1110×4300=4		
5	5052	510×1140×3200=3		
6	5052	510×1150×4200=11		
7	5052	510×1170×4000=2		
8	5052	510×1230×3500=3		
9	5052	510×1230×3000=3		
10	5052	510×1230×4300=2		
11	5052	510×1300×3000=2		
12	5052	510×1450×3700=2		
13	6061	400×1620×2550=12	××年 5.25	共计 12 根

销售部

××年5月1日

图 4.8 变形铝合金板锭生产订单

订单的内容是由采购厂家根据自身的需求而决定的。当生产厂家与采购厂家签订订单后，生产厂家的生产部门必须对订单的内容进行一一确认，保证订单内容准确无误，因为整个生产计划都是以订单内容为基础的。

从图 4.8 所示的订单中，可以获取产品的种类（牌号）、规格（包括：厚度、宽度、长度）、需求量（根数）、交货日期、成分标准、工艺标准以及其他特殊要求等数据。

4.3.2 计划的排布

生产计划的排布，是整个生产计划的核心数理环节，直接关系到产品的几何成品率。由产品计划排布所决定的成品率是产品最终成品率的最大极限值，如果由于生产计划排布不合理而造成成品率不高，之后的加工工艺无论多先进，都将无法得到较高的最终成品率。

铝合金板锭生产计划的排布就是确定每一炉次的合金牌号、熔次号、规格、根数、锯切长度、配料量、铸次、铸造方式以及总的炉次数等，所以，生产计划的排布也称炉次计划。

4.3.2.1 牌号的确定

通过订单的确认环节，直接读取出合金的牌号。

4.3.2.2 熔次号的确定

熔次号（也可为炉次号），即每一炉次的合金计划在某炉子总的计划中的数字编号顺序，类似产品或商品编号，不同的炉子有不同的熔次号。在铝合金行业中，通常所说的熔次号还包含了炉号（炉子的编号），其编号规则为：

炉号 - 熔次号

例如，某合金制品计划需要生产 5 炉，现要安排到 2 号炉中生产，已知 2 号炉之前的熔次号已经编排到了 1314，则该产品每一炉次的熔次号分别为：2 - 1315、2 - 1316、2 - 1317、2 - 1318、2 - 1319。

4.3.2.3 规格、根数、铸次的确定

对于规格、根数、铸次的确定，通常采用一种叫做经验尝试的方法，即按照第 4.2 节中列出的 15 条最优化组合原则，确定出每一炉次的规格、根数、铸次。这种方法对于少品种且大批量的计划订单不失为一种较好的方法。目前，国内绝大多数中小型（甚至一些大型）铝合金生产企业都还在沿袭这种方法。

但是该方法没有具体的程式化步骤、操作比较繁琐费时、人为因素大，对于多品种小批量的订单往往得不到最优解，且对计划员的要求也比较高（需要计划员具有丰富的生产经验）。在日益发展的今天，越来越不能适应现代企业的发展需求，尤其是随着当今 IT 技术以及人工智能的不断普及和推广，未来必将逐渐被计算机智能排布系统所取代而退出历史舞台。在本书的第 7 章，作者将详细介绍生产计划排布的计算机优化仿真。

4.3.2.4 锯切长度的确定

一根成品铸锭，其浇口部和底部的合金质量都不稳定（含有较多的夹杂、偏析等质量缺陷），一般要切去相应长度的浇口部（切头）和底部（切尾），其锯切示意图如图 4.9 所示。

对于板锭来说，切头、切尾长度参照表 4.1 确定，具体锯切的长度，应遵照企业相关工艺文件执行。

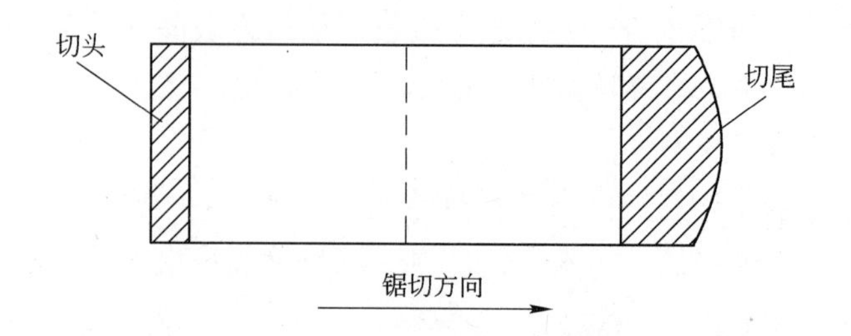

图 4.9 板锭锯切示意图

表 4.1 板锭切头、切尾长度标准

合 金	切头长度/mm	切尾长度/mm
2×××、7×××	≥150	≥200
其 他	≥80	≥200

另外，当一根铸锭需要锯切成若干较短规格的产品时（如图 4.9 中按虚线部位切成两根铸锭），则也应在计划中详细说明。

4.3.2.5 配料量的计算

对于变形铝合金板锭配料量的计算，这里主要是指实际配料量的计算。其计算方法请参阅第 2 章 2.2.1 节相关内容，这里不再赘述。

铝合金板锭的每米质量 q 值如果查询不到，对于生产计划的制定而言，则可以按照式（4.1）进行估算，然后等成品出来后，及时称重，测量出该规格产品的每米质量，并记录到相关表格中。

$$q = ab\rho \tag{4.1}$$

式中 a——铸锭的厚度，m；

b——铸锭的宽度，m；

ρ——该种铝合金的密度，kg/m^3。

需要说明的是：

（1）由于扁锭的厚度边呈弧线型（或楔形），那么按照上式计算，显然质量偏小（可能导致铸造短尺现象），因此在估算的时候，宽度 b 按照图 4.10 所示的尺寸来估算。

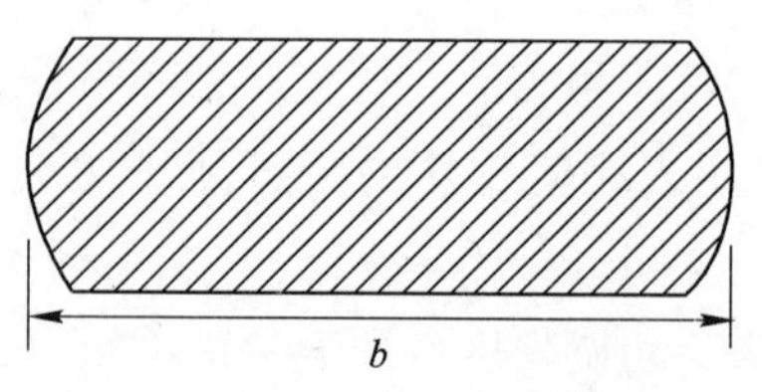

图 4.10 板锭宽度估算时测量的尺寸

（2）当该铝合金的密度值 ρ 查询不到的时候，一般取 $2.5\times10^3\sim2.88\times10^3\mathrm{kg/m^3}$ 之间的某值。

4.3.2.6 其他相关事项

其他相关事项主要包括确定是否更换过滤板、是否清炉、是否测铝液中的氢含量、晶粒细化剂的种类及用量、熔剂的种类及用量、是否切取试片、打印编号等，各事项在各厂家工艺文件里均有相关的规定和制度，这里就不再叙述。

【例 4.2】 已知现场相关设备及参数见表 4.2，现在是某年 1 月 1 日，试对图 4.11 所示的某扁锭订单制定生产计划（烧损率按 2% 计算）。

表 4.2 某铝合金生产企业各设备相关参数

名称	相关参数	备注
1 号熔炼炉	（1）最大炉容量 26t； （2）与之匹配的静置炉最大炉容也为 26t； （3）与之匹配的铸造机参数：最大铸造长度为：6000mm；最多能同时铸造的根数：3 根	（1）两台炉子共用一台铸造机，正在生产 5052，但是快生产完毕； （2）1 号炉已经排到第 1000 炉次，2 号炉已经排到第 1054 炉次
2 号熔炼炉	（1）最大炉容量 30t； （2）与之匹配的静置炉最大炉容也为 30t； （3）与之匹配的铸造机参数：最大铸造长度为：6000mm；最多能同时铸造的根数：3 根	
3 号熔炼炉	（1）最大炉容量 20t； （2）该炉子没有配备静置炉； （3）与之匹配的铸造机参数：最大铸造长度为：5200mm；最多能同时铸造的根数：2 根	（1）正在生产 5052，但是比其他炉子要后生产完毕； （2）已经排到第 500 炉次
结晶器	400：990 ~ 1700；510：990 ~ 1700	指固定结晶器

× ×厂家采购订单

技术标准：Q/SWAJ4157—2011　　　　订单编号：20× ×0515

序号	牌号	规格及数量	交货日期	备注
1	5052	510 × 1350 × 4300 = 12	× ×年 5.20	共计 17 根
2	5052	510 × 1450 × 4300 = 5		
3	6061	400 × 1620 × 2400 = 12	× ×年 5.25	共计 12 根

销售部

× ×年 5 月 15 日

图 4.11 某铝合金扁锭订单

分析： 由于 5052 合金无论是总质量还是规格种类都较多，因此安排在炉容量较大的 1 号和 2 号炉；6061 的交货日期较晚，且 3 号炉正在生产的合金完毕时间比其他炉子要晚，所以 6061 安排在 3 号炉。下面分别对 5052 和 6061 合金进行炉次计划的排布。

解：（1）5052 合金计划。按照最优化组合原则，首先把规格较大的 510 × 1450 排在较前的位置，然后安排 510 × 1350。不妨先在 2 号炉安排计划，然后再安排 1 号炉，如此交替排布。

2 号炉第一炉的规格及根数为：510 × 1450 × 4300 = 3。

配料量的计算：由于之前生产的是 5052 合金，所以不用放干和洗炉操作。锯切头尾按照切头 100mm，切尾 200mm 的标准执行，那么一共要锯切 300mm，所以实际铸锭长度应为 4300 + 300 = 4600mm。

查表可得 5052 合金 510 × 1450 每米质量为 1.997t。所以

$$Q_{理论} = 1.997 \times 10^3 \times 4.6 \times 3 = 27558.6\ (\text{kg})$$

$$Q_{实际} = \frac{Q_{理论}}{1-\sigma_r} = \frac{27558.6}{1-2\%} = 28121\ (\text{kg})$$

考虑到台秤的精度及人为误差，只精确到百位数，则：$Q_{实际} \approx 28100\text{kg}$。

按照如上方法，可以得到 1 号炉第一炉的规格及根数为：510 × 1450 × 4300 = 2；实际配料量为：18700kg。

同理，按照最优化组合原则可以依次确定余下炉次的排布情况。最终得到 2 号和 1 号炉各炉次计划见表 4.3、表 4.4。

表 4.3　某次计划中 2 号炉计划排布情况

熔次号	合金牌号	规格及数量	加工计划	配料量/kg
2 - 1055	5052	510 × 1450 × 4600 = 3	4300 = 3	28100
2 - 1056	5052	510 × 1350 × 4600 = 3	4300 = 3	25900
2 - 1057	5052	510 × 1350 × 4600 = 3	4300 = 3	25900

表 4.4　某次计划中 1 号炉计划排布情况

熔次号	合金牌号	规格及数量	加工计划	配料量/kg
1 - 1001	5052	510 × 1450 × 4600 = 2	4300 = 2	18700
1 - 1002	5052	510 × 1350 × 4600 = 3	4300 = 3	25900
1 - 1003	5052	510 × 1350 × 4600 = 3	4300 = 3	25900

（2）6061 合金计划。由于之前生产的是 5052 合金，因此第一炉需要进行放干操作（但不洗炉）。考虑到第一炉由于放干需要加供流量 3500kg，因此 3 号炉

第一炉的规格及根数为：400×1620×2700=2。

配料量的计算：查表可得6061合金400×1620每米质量为1.735t/m。所以

$$Q_{理论}=1.735\times10^3\times2.7\times2=9369\ (kg)$$

$$Q_{实际}=\frac{Q_{理论}}{1-\sigma_r}+Q_{供流量}=\frac{9369}{1-2\%}+3500\approx13100\ (kg)$$

第二炉及之后炉次的规格和根数的确定：按照最优化组合原则第三条，把两根相同厚度和宽度的铸锭连接成一根较长的铸锭，于是每根铸锭的长度为2400+2400=4800（mm）。锯切头尾仍然按照切头100mm、切尾200mm的标准执行，那么一共要锯切300mm。实际铸造长度为4800+300=5100≤5200，显然没有超过铸机允许的最大长度5200mm。

那么第二炉的规格及根数为：400×1620×5100=2。

第二炉的配料量为：$Q_{实际}=18100kg$。

同理，可以得到之后炉次的排布。最终3号炉各炉次计划见表4.5。

表4.5 某次计划中3号炉计划排布情况

熔次号	合金牌号	规格及数量	加工计划	配料量/kg
3-501	6061	400×1620×2700=2	2400=2	13100
3-502	6061	400×1620×5100=2	2400=4	18100
3-503	6061	400×1620×5100=2	2400=4	18100
3-504	6061	400×1620×5100=2	2400=4	18100

说明：在本例计划排布过程中，侧重解决每炉次规格、根数、配料量以及铸造次数的确定，而没有考虑是否更换过滤板、是否清炉、是否测铝液中的氢含量、晶粒细化剂的用量及种类等其他相关事项。通过本例，可以初步了解计划排布过程中经验尝试法的整个思维流程。当然实际计划的排布过程中，还会遇到很多的突发情况，考虑的问题也会更加多元化。

4.3.3 出货日期的估算

出货日期和合金产品铸造完毕的时间密切相关。合金产品铸造完毕后，考虑到合金产品最后还有锯切加工、标记、称重等环节，所以出货日期比合金产品铸造完毕时间要稍晚，一般可以按晚1~2天来估计。因此每一炉次的出货日期可以按照如下公式进行计算：

$$t_i=t_{i-stop}+\Delta t \tag{4.2}$$

式中 t_i——第i炉的出货日期，一般采用进一法精确到小时即可；

t_{i-stop}——第i炉的铸造完毕日期；

Δt——延后的时间，一般取 1 ~ 2 天。

在生产前，只能确定第一炉的生产日期，而不能确切知道每一炉铸造完毕的日期，所以只能根据日常生产经验按照式（4.3）进行估算：

$$t_{i-\mathrm{stop}} = t_{1-\mathrm{start}} + iT \tag{4.3}$$

式中 $t_{1-\mathrm{start}}$——第一炉的生产日期；

i——炉次数；

T——平均每一炉生产时间的经验值，一般以“天”为单位。

根据式（4.2）和式（4.3）可以得到出货日期的最终计算公式如下：

$$t_i = t_{1-\mathrm{start}} + iT + \Delta t \tag{4.4}$$

在实际生产中可能因为设备故障、原材料短缺、能源供应不足等原因，导致生产不能按照计划正常进行。所以，计划中的出货日期一定不能超过订单中的交货日期（通常可以适当早几天），这样才能保证按时交货。

【例 4.3】 试估算例 4.2 订单中 6061 合金最后一炉的出货日期（预计安排在 ××年 5 月 19 日的下午 1：00 开始生产）。

解： 根据本厂以往的生产经验，2 天可以生产 6 炉，所以每一炉的生产时间为 1/3 天，取延迟时间为 1 天。则由式（4.4）可得：

$t_i = t_{1-\mathrm{start}} + iT + \Delta t$ = 5 月 19 日 13：00 + 4 × 1/3 天 + 1 天 = 5 月 21 日 21：00

显然出货日期比交货日期 5 月 25 日要早，满足实际需求。

答： 最后一炉的出货日期为 ××年 5 月 21 日 21 点。

总结： 计划中估算出的出货日期为实际出货日期的一个参考值，这也是销售员跟采购厂家签单的协商依据。如果计算出的出货时间比交货时间晚，那么就需要增加一台炉子同时生产；如果本厂没有多余的设备保证按时交货，那么销售员就需要和采购厂家做进一步协商。

4.3.4 生产计划统计表的填写

在板锭的生产计划统计表中，应该包含如下内容：

（1）第一炉产品的计划生产日期；

（2）熔次号；

（3）合金的牌号；

（4）合金的规格及根数；

（5）合金的锯切加工计划；

（6）配料量以及其他相关事项。

当以上内容确定并检查出货日期不超过交货日期后，务必准确无误地将其填写进计划统计表中，以供相关人员进行复核及查阅。图 4.12 所示为某厂变形铝合金板锭生产计划统计表中的一页。

时间	熔次号	合金牌号	规格及数量	加工计划	配料量/kg	备注
××年 12.23	2－2013	6061	510×1450×5300＝2 400×1320×5300＝1	510:2500＝4 400:2950＝1，2050＝1	28700	
	2－2014	6061	510×1450×5300＝2 400×1320×5300＝1	510:2500＝4 400:2600＝1，2400＝1	28700	
	2－2015	6061	510×1450×5300＝2 400×1320×5300＝1	510:2500＝4 400:2500＝2	28700	
	2－2016	6061	400×1620× 6000＝2 2100＝1	2900＝1，2800＝1，3500＝1， 2150＝1 1800＝1	24900	换过滤板
	2－2017	6061	400×1620× 5750＝2 4100＝1	2850＝1，2600＝1，3200＝1， 2100＝1 2000＝1，1800＝1	27700	
	2－2018	6061	400×1620× 6000＝3 2350＝1	3200＝1，2500＝1，3500＝2， 2050＝2 2050＝1	29600	
	2－2019	6061	400×1320× 5600＝3 3300＝1	3000＝3，2500＝1，2300＝2 3000＝1	29200	熔炼炉、静置炉放干，大清炉
××年 12.27	2－2020	洗炉料	—	—	10500	换过滤板
	2－2021	1050	510× 1330×5450＝2 1240×5450＝1	1330:5150＝2 1240:5150＝1	29900	
	2－2022	1050	510× 1330×5450＝2 1240×5450＝1	1330:5150＝2 1240:5150＝1	29900	
	2－2023	1050	510× 1330×5450＝2 1240×5450＝1	1330:5150＝2 1240:5150＝1	29900	

第××页

图4.12 某厂变形铝合金板锭生产计划统计表示例

4.3.5 计划的调整、重排

当所有计划制定完毕后，相关生产人员就必须按照计划统计表严格执行。但是当生产过程中出现如下几种情况时，则必须对还未生产的计划进行调整或重排：

（1）减料过多使静置炉内铝水不足，致使不能按照该生产卡片上的计划执行；

（2）在铸造过程中出现拉漏、裂纹、冷隔等质量缺陷，导致产品报废；

（3）由于某些原因，临时更改计划。

在计划的调整或重排过程中，原则上应该对剩余的所有计划进行重新组合优化。但在实际生产过程中，由于手工排布计划的灵活性不强，不便于及时修改，因此往往只做适当的调整，大概满足计划要求即可，这将大大减低计划的合理性。而计划自动排布系统的出现，就能很好地解决这个问题。

4.4 特殊情况

在铝合金生产计划制定过程中（特别是板锭），常常会遇到一些特殊情况。下面列举了在实际生产中经常遇到的两种情况：

（1）当有两台炉子共用一台铸造机时（有时甚至要共用一台旋转除气装置），为了更好地提高生产效率，一般优先考虑按照如下方式安排生产计划（俗称“对着干”）：

1）两台炉子都生产同种牌号的合金；

2）两台炉子在安排计划时，应尽量全部排完一种规格后，再安排其他的规格；尽量减少规格间的交叉排布，使两台炉子排布的计划具有衔接性。

当一张订单中，所有铸锭规格都一样时，尤其显示出了这种方式排布生产的优点。表4.6为某厂家某次计划中这种方式的排布情况（表中省略了熔次号、加工计划、配料量等）。

表4.6 “对着干”计划排布情况

1号炉计划排布情况	2号炉计划排布情况
510×1350×4300=3	510×1350×4300=3
510×1350×4300=3	510×1350×4300=3
510×1350×4300=3	510×1350×4300=3
510×1350×4300=3	510×1350×4300=3
510×1350×4300=3	510×1350×4300=3

通过表4.6可以很清晰地看到，两台炉子采取“对着干”的方式排布计划，可以大大减少更换结晶器、盖板、底座的次数，从而最大限度地减少工人的体力劳动、节约生产时间、提高生产效率。

（2）如果所有计划都按照最优化组合原则下放完毕后，仍然还有剩余的一根或两根铸锭无法安排进计划，且没有后续相似计划时（或无法预知后续计划的日期），将采取如下方法进行处理（俗称“鸳鸯炉”）：

1）在某炉次计划中多投放炉料（即增加配料量），倒炉时，熔炼炉中铝水全部倒炉进静置炉，完成第一次铸造计划。静置炉内剩余的铝水留存在静置炉中（但不足以构成一次铸造计划）；

2）在下一炉次计划中多投放炉料（即增加配料量），倒炉时，只倒入部分铝水到静置炉中，完成第二次铸造计划；

3）将熔炼炉内剩余的铝水全部倒炉进静置炉中，完成第三次铸造计划。

需要注意的是，采取该方法排布计划时，两炉次计划必须满足以下条件：

1）两炉次计划的熔次号必须紧挨着；

2）两炉次计划中熔炼炉的剩余炉容之和应不小于增加的铸锭的质量；

3）两炉次计划中总的铸造次数原则上不超过3次。

采用该方法的优点是：可以避免二次投料而增加的能源损耗、缩短生产时间、提高生产效率。

5 圆锭生产计划

第4章详细讲解了板锭生产计划的制定，本章将讨论圆锭生产计划的制定。通过本章的学习，可以很容易地扩展到方管、三角管等异型锭生产计划的制定。

5.1 圆锭概述

铝合金圆锭主要用于加工成各种棒材、管材以及挤压成各种型材等。国内目前还没有一家上规模的供应厂家，大规格的圆锭还需要进口。在圆锭的使用上，一般 ϕ400mm 以下的主要是民用，大于 ϕ400mm 的主要用于军事、航空航天等部门，两者比较起来，大于 ϕ400mm 的圆锭加工难度大，设备和工艺要求严格，采用大规格圆锭生产技术利润较高，有很好的发展前景[4]。下面从生产计划的角度对圆锭做简单的介绍。

5.1.1 实心圆锭和空心圆锭

变形铝合金圆锭，包括实心圆锭和空心圆锭。两种圆锭的规格如图 5.1 所示。

在实际生产中，圆锭有时候特指实心圆锭。下文中如没有特殊说明，圆锭都统指实心圆锭，请大家注意区分。

空心圆锭相比于实心圆锭多了一个内径的参数（如图5.1（b）中的 d_2），在铸造工具上，也多了一个内表面成型用的锥形芯子。两种圆锭在生产计划的制定上大同小异。

5.1.2 圆锭的标记

5.1.2.1 实心圆锭的标记

实心圆锭的规格（包括直径和长度两个参数，有时又特指直径这一个参数）和根数，一般采用如下的方式记忆书写：

$$\phi d \times l = n$$

式中 ϕ——直径记号；

d——铸锭的直径，mm；

l——铸锭的长度，mm；

n——铸锭的根数。

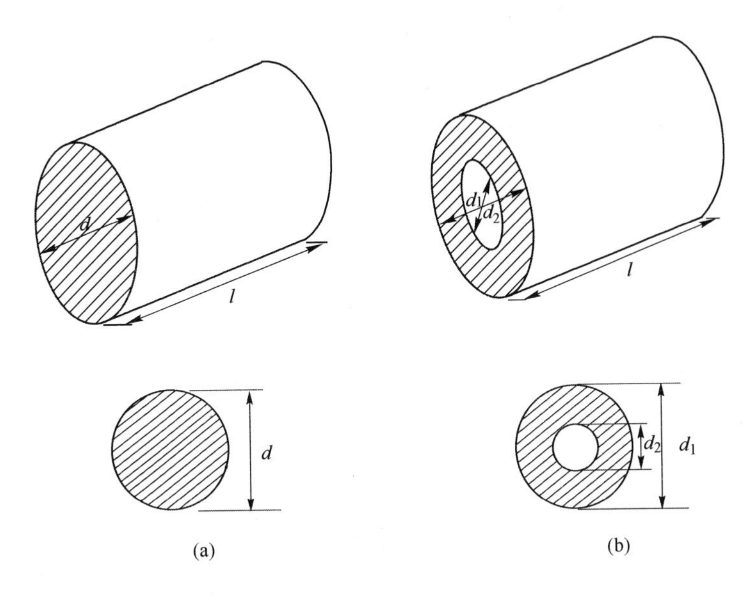

图 5.1　圆锭示意图

（a）实心圆锭及其横截面；（b）空心圆锭及其横截面

如 $\phi520\times450=50$，表示该实心圆锭的直径为 520mm，长度为 450mm，一共有 50 根。

5.1.2.2　空心圆锭的标记

空心圆锭的规格（包括外径、内径和长度三个参数，有时又特指外径和内径两个参数）和根数，一般采用如下的方式记忆书写：

$$\phi d_1/d_2\times l=n$$

式中　ϕ——直径记号；

d_1——铸锭的外径，mm；

d_2——铸锭的内径，mm；

l——铸锭的长度，mm；

n——铸锭的根数。

如 $\phi520/200\times450=55$，表示该空心圆锭的外径为 520mm，内径为 200mm，长度为 450mm，一共有 55 根。

5.1.3　圆锭的铸造方法

圆锭的铸造方法和板锭的铸造方法相似，请参阅第 4.1.3 节的相关介绍，这里不再赘述。本章主要介绍圆锭立式半连续铸造方式的生产计划的制定。

5.2　计划制定的原则

5.2.1　最优化组合原则的定义

和板锭生产计划的制定一样，在圆锭生产计划的制定中，也总是朝着尽可能地缩短生产周期、减少人力成本、降低原材料成本、提高产品成品率等原则来合理搭配产品的生产时间和顺序，这些优化原则被称做最优化组合原则。下面将详细介绍圆锭生产计划的最优化组合原则。

5.2.2　具体内容分析

在变形铝合金圆锭生产计划中，最优化组合原则的具体内容如下（以下 13 条原则中没有说明的条目，请参阅第 4.2.2 节的相关说明）：

（1）不同种类的合金不能安排在同一个炉次。

（2）尽量按照计划单的交货时间先后顺序来安排。

（3）相同直径（包含外、内径）的圆锭，先下长度较长的后下长度较短的，和板锭一样，也是为了尽量提高产品的几何成材率。

在圆锭的生产中，一般要把多根规格相同的铸锭长度加起来铸造成一根更长的铸锭（即均分连接形式，关于这部分的知识，请读者参阅第 7.1.2.2 节的专门论述），然后锯切为各长度，最大限度地提高产品的成材率，其示意图如图 5.2 所示。

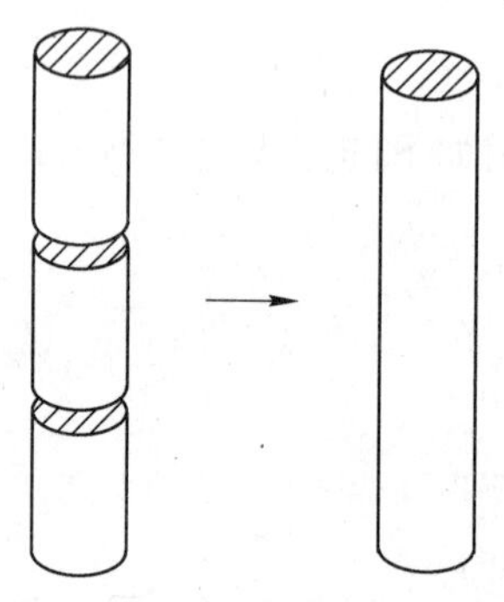

图 5.2　多根圆锭连接成一根圆锭

（4）尽可能减少更换结晶器和底座的次数。圆锭用结晶器如图 5.3 所示。为了节约人力和时间，应尽可能地减少更换结晶器和底座的次数。

（5）多台炉子同时下计划时，如果某规格的结晶器不够多台炉子同时使用时，必须把时间点错开。

（6）每铸次圆锭的规格都必须相同，盖板也必须相同。在圆锭结晶器的设计过程中，一套结晶器可以同时铸造多根圆锭，而且所有的圆锭规格都相同。同

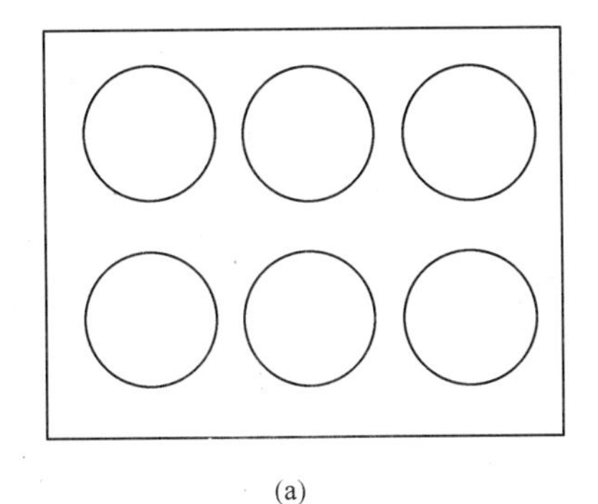

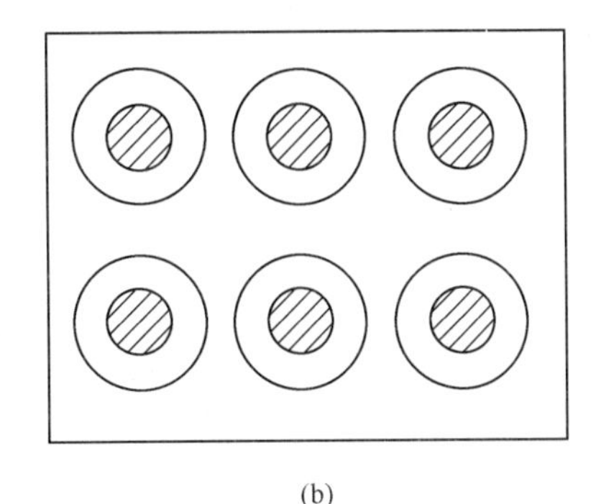

图 5.3　圆锭用结晶器示意图（俯视图）

（a）实心圆锭用结晶器；（b）空心圆锭用结晶器

一个铸次不可能出现两种规格的圆锭。原则上每一炉所有铸次都必须用同一套结晶器，除非该种规格的圆锭确实生产完毕，下一铸次才可更换其他规格的结晶器。

圆锭用盖板和结晶器本身是配套的，一旦结晶器选定后，盖板也就相应地固定了，每铸次所有的圆锭都是同种规格和长度的铸锭。而对于板锭，每铸次所有的铸锭可以为相同规格（厚度和宽度）的铸锭，也可以为不同，这点有别于圆锭。

（7）各炉次的投料量尽量达到最大炉容量。

（8）应使总的炉次数尽可能地少。

（9）每炉次尽量只安排一个铸次，避免两个或两个以上的铸次出现。

（10）应使总的铸造时间尽可能地短。

（11）每铸次铸锭的根数不得超过结晶器允许的最多根数。相比于板锭，圆锭每铸次铸造的根数要多得多。目前国内较普遍的有 2 根、4 根、6 根、8 根、12 根、24 根、60 根、88 根等，每铸次铸造的铸锭根数原则上应等于结晶器允许的最多根数，即全部排满。特殊情况可以不排满，但不能超过结晶器允许的最多根数。

（12）每铸次所有铸锭的铸造长度必须相等且不能超过铸造机允许的最大长度。

（13）每铸次的铸锭要尽可能均匀对称分布。如果铸锭排布不均匀对称，则会引起铸造机受力不平衡，此时力矩必须控制在一个可允许的范围内，否则可能引起铸锭弯曲、拉漏等质量问题，严重时会引起铸造机倾翻造成安全事故。

对于一个铸次中，当结晶器没有排满时，必须先计算出力矩方可判断是否允许排布。实际生产中，只需计算出不对称两边的质量差 Δm，然后判断 Δm 是否在铸机允许的最大质量差内即可（注：铸机允许的最大质量差一般根据理论估算、实际试验以及长期的生产经验综合测得)。

【例 5.1】 现在欲铸造 5052 合金圆锭 $\phi240 \times 5000 = 10$。已知结晶器允许同时铸造的最多根数为 12，铸造机允许的最大质量差为 1000kg，5052 合金 $\phi240$ 的每米质量为 0.122t。问：是否可以按图 5.4 所示的方式进行排布？

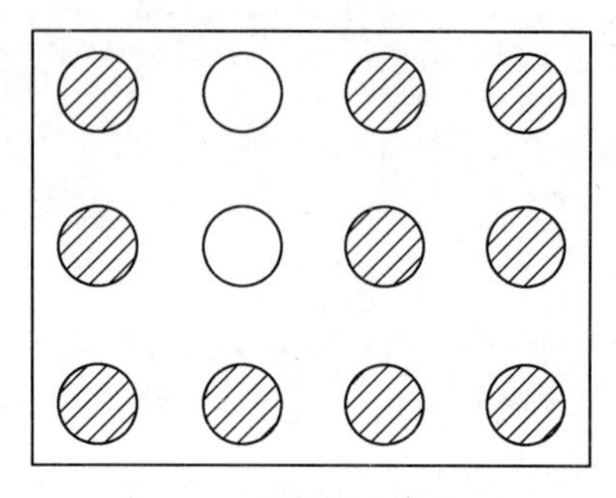

图 5.4 铸锭排布的情况

解： 如图 5.5 所示：

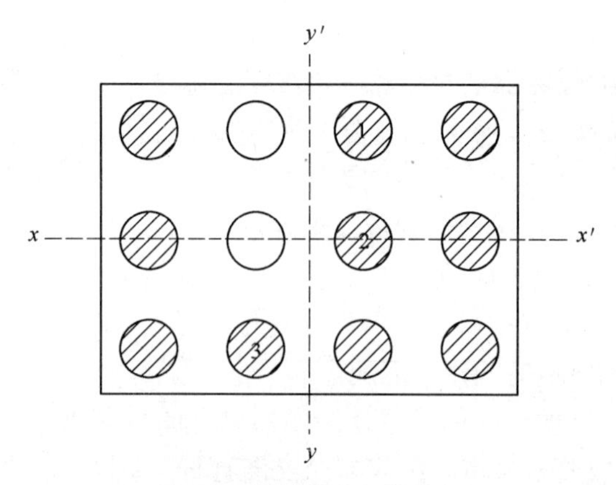

图 5.5 铸锭排布坐标分析

首先考虑铸造机是否会沿 $x-x'$ 轴倾斜，显然上下力矩抵消后，只剩下图 5.5 中 3 号铸锭无法抵消。计算 3 号铸锭的质量为：$5000\text{mm} \times 0.122\text{t/m} = 610\text{kg} \leqslant 1000\text{kg}$，所以不会沿 $x-x'$ 轴倾斜。

然后，再考虑铸造机是否会沿 $y-y'$ 轴倾斜，显然左右力矩抵消后，只剩下 1 号、2 号铸锭无法抵消。1 号、2 号铸锭的总质量为 $2 \times 5000\text{mm} \times 0.122\text{t/m} = 1220\text{kg} \geqslant 1000\text{kg}$，所以，会沿 $y-y'$ 轴倾斜导致铸锭弯曲，甚至有引起铸造机侧翻的危险。

答： 不能按图 5.4 所示的方式进行排布。

总结： 在上题中，如何有效地解决这个问题呢？其实很简单，就是把剩余的两根铸锭都排满。因为在实际生产过程中，同一铸次中的某些铸锭总不排除有拉裂、夹杂等质量缺陷，这样，多生产的两根正好可以弥补上由于质量原因而造成的产量不足。

5.3 生产计划的制定

对于变形铝合金圆锭生产计划的制定，其内容如下：

(1) 确认订单，包含产品的种类、需求量、交货日期、成分标准以及其他特殊要求；

(2) 计划的排布，包含确定产品的每一炉次的熔次号、规格、根数、配料量、加工计划、铸次、铸造方式以及总的炉次数等；

(3) 确定产品最终出货日期（应该早于交货日期）；

(4) 填写计划到计划统计表中。

5.3.1 订单的确认

一张典型的变形铝合金圆锭生产订单如图5.6所示。

××厂家采购订单

技术标准：Q/SWAJ4157—2011　　　　订单编号：20××0501

序号	牌号	规格及数量	交货日期	备注
1	6063	$\phi520\times400=50$	××年5.10	共计218根
2	6063	$\phi280\times450=70$		
3	5052	$\phi162\times400=98$		

销售部

××年5月1日

图5.6　变形铝合金圆锭生产订单

订单的内容是由采购厂家根据自身的需求而决定的。当生产厂家与采购厂家签订订单后，生产厂家的生产部门必须对订单的内容进行一一确认，保证订单内容准确无误，因为整个生产计划都是以订单内容为基础的。

从图5.6所示的订单中，可以获取产品的种类（牌号）、规格（包括直径、长度）、需求量（根数）、交货日期、成分标准、工艺标准以及其他特殊要求等数据。

5.3.2 计划的排布

铝合金圆锭生产计划的排布（即炉次计划）就是确定每一炉次的合金牌号、熔次号、规格、根数、锯切长度、配料量、铸次、铸造方式以及总的炉次数等。

5.3.2.1 牌号的确定

通过订单的确认环节，直接读取出合金的牌号。

5.3.2.2 熔次号的确定

和板锭完全一样，其编号规则也为：

炉号－熔次号

5.3.2.3 规格、根数、铸次的确定

规格、根数、铸次的确定仍然采用经验尝试的方法，即按照第5.2节中列出的13条最优化组合原则，确定出每一炉次的规格、根数、铸次。目前，国内绝大多数铝合金生产企业都还在沿袭这种传统方法。

相比于板锭，圆锭的计划排布有其特殊性，在计划排布过程中常常按照如下两种方法进行确定：

（1）每炉次投料量尽可能地最大；

（2）每铸次结晶器均满排。

两种方法的排布结果一般不同，甚至有冲突。至于哪种方法更能满足实际生产，需要计划员根据实际情况进行选择。

5.3.2.4 锯切长度的确定

圆锭的锯切示意图如图5.7所示。

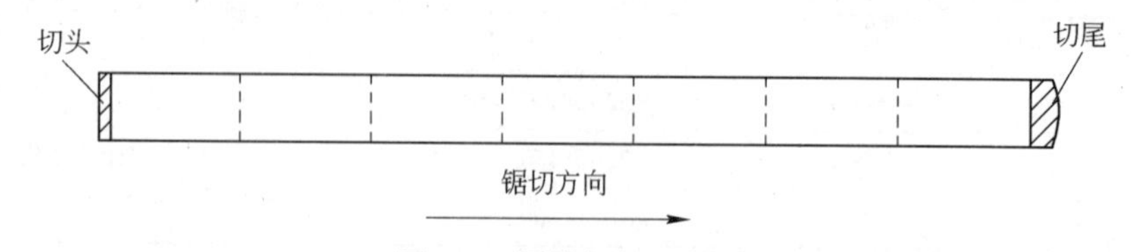

图5.7 圆锭锯切示意图

对于圆锭来说，切头、切尾长度参照表5.1确定。具体锯切的长度，应遵照企业相关工艺文件执行。

表5.1 圆锭切头、切尾长度标准

圆锭外径/mm	切头长度①/mm	切尾长度②/mm
≤300	≥50	≥150
>300	≥100	≥400

①为除去浇口部位的缺陷，应根据铸造不同类型的圆锭时液穴深度可能发生的变化，锯去相应长度的铸锭浇口切除量。

②尾部膨胀区应切除。

和板锭不同的是，板锭的坯锭常常只需切完头和尾即可，而圆锭，由于需求的长度比较短（常常小于1m），总是要对铸造出来的坯锭除了切头和切尾外，还需锯切成若干的小段，这些都需要在计划中详细说明，如按图5.7中虚线部位将其切成7根铸锭。

一般在圆锭的锯切计划中，应尽量使每根坯锭都锯切为相同的长度，这是出于锯切难度的考虑。如果让一根坯锭锯切为不同的长度，那么每锯切完一节，必须重新调整锯床，这将十分地耗时，另外如果锯床为手动锯床，那么其实际操作性和精度将大打折扣。

5.3.2.5 配料量的计算

对于变形铝合金圆锭配料量的计算，这里主要是指实际配料量的计算。其计算方法请参阅2.2.1节相关内容，这里不再赘述。

当铝合金圆锭每米质量 q 值查询不到时，如果为实心圆锭则按式（5.1）进行估算：

$$q = \pi\left(\frac{d}{2}\right)^2\rho = \frac{\pi\rho d^2}{4} \tag{5.1}$$

式中 d——铸锭的直径，m；

ρ——该种铝合金的密度，kg/m^3。

如果为空心圆锭则按式（5.2）进行估算：

$$q = \pi\left[\left(\frac{d_1}{2}\right)^2 - \left(\frac{d_2}{2}\right)^2\right]\rho = \frac{\pi\rho(d_1^2 - d_2^2)}{4} \tag{5.2}$$

式中 d_1——铸锭的外径，m；

d_2——铸锭的内径，m；

ρ——该种铝合金的密度，kg/m^3。

最后等成品出来后，及时称重，测量出该规格产品的每米质量，并记录到相关表格中。需要特别说明的是：当该铝合金的密度值 ρ 查询不到的时候，一般取 $2.5\times10^3 \sim 2.88\times10^3 kg/m^3$ 之间的某值。

5.3.2.6 其他相关事项

其他相关事项主要包括确定是否更换过滤板、是否清炉、是否测铝液中的氢含量、晶粒细化剂的种类及用量、熔剂的种类及用量、是否切取试片、打印编号等，各事项在各厂家工艺文件里均有相关的规定和制度，这里就不再叙述。

【例5.2】已知现场相关设备及参数列于表5.2中，现在是某年1月1日，试对图5.8所示的某圆锭订单制定生产计划（烧损率按2%计算）。

表5.2 某铝合金生产企业各设备相关参数

名称	相关参数	备注
3号熔炼炉	（1）最大炉容量20t； （2）该炉子没有配备静置炉； （3）与之匹配的铸造机参数：最大铸造长度为：5200mm	正在生产6061合金，已经排到第504炉次
结晶器	ϕ162mm，每次可以同时铸造28根；ϕ250mm，每次可以同时铸造16根	

× ×厂家采购订单

技术标准：Q/SWAJ4157—2011　　　　订单编号：20 × ×0519

序号	牌号	规格及数量	交货日期	备注
1	6063	$\phi162\times450=310$	× ×年 5.25	共计 610 根
2	6063	$\phi162\times400=300$		
3	5052	$\phi250\times550=550$	× ×年 5.28	共计 550 根

销售部
× ×年 5 月 19 日

图 5.8　某铝合金圆锭订单

分析： 在图 5.8 所示的订单中涉及两种合金，从合金转组的角度考虑，应先生产 6063 合金。

解：（1）6063 合金计划的确定。由于之前生产的是 6061 合金，涉及合金转组，因此第一炉需要进行放干操作（但不洗炉）。考虑到第一炉由于放干需要加供流量 3500kg，锯切长度按照切头 50mm、切尾 150mm 的标准执行，那么一共要锯切 200mm。

按照最优化组合原则第三条，由于 $(5200-200)/450=11.11$，因此第一铸次把 11 根 $\phi162\times450$ 的铸锭连接成一根较长的铸锭，每根铸锭的长度为 $450\times11=4950$mm，实际铸造长度为 $4950+200=5150$mm，显然没有超过铸机允许的最大长度 5200mm；同理第二铸次把 11 根 $\phi162\times400$ 的铸锭连接成一根较长的铸锭，实际长度为 4600mm。

根据以上分析，可以得到第一炉的规格和根数为：$\phi162\times\begin{matrix}5150\times28=1\\4600\times28=1\end{matrix}$

表示第一铸次，铸造 $\phi162$ 规格的 6063 合金，每根长度为 5150，一共 28 根；第二铸次，铸造 $\phi162$ 规格的 6063 合金，每根长度为 4600，一共 28 根。

加工计划为：$\phi162\times450=11$，一共 308 根；$\phi162\times400=11$，一共 308 根。

配料量的计算：查表可得 6063 合金 $\phi162$ 的每米质量为 0.056t。所以

$$Q_{理论}=0.056\times10^3\times(5.15\times28+4.6\times28)=15288\text{（kg）}$$

$$Q_{实际}=\frac{Q_{理论}}{1-\sigma_r}+Q_{供流量}=\frac{15288}{1-2\%}+3500=19100\text{（kg）}$$

显然 6063 合金一共只需生产 1 炉即可。

（2）5052 合金计划的确定。由于上一炉生产的是 6063 合金，涉及合金转组，因此第一炉需要进行放干操作（但不洗炉）。考虑到第一炉由于放干需要加供流量 3500kg，锯切长度按照切头 50mm、切尾 150mm 的标准执行，那么一共要

锯切 200mm。

仍然按照最优化组合原则第三条，由于（5200－200）/550＝9.09，因此把 9 根 ϕ250×550 的铸锭连接成一根较长的铸锭，每根铸锭的长度为 550×9＝4950mm，实际铸造长度为 4950＋200＝5150mm，显然没有超过铸机允许的最大长度 5200mm。

综上所述，我们可以得到：

1）5052 合金第一炉的规格和根数为：ϕ250×5150×16＝1，表示铸造 ϕ250 规格的 5052 合金，每根长度为 5150，一次同时铸造 16 根，一共铸造 1 次；加工计划为：ϕ250×550＝9，一共 144 根。

配料量的计算：查表可得 5052 合金 ϕ250 的每米质量为 0.133t。所以

$$Q_{理论}=0.133\times10^3\times5.15\times16=10959.2\ (\mathrm{kg})$$

$$Q_{实际}=\frac{Q_{理论}}{1-\sigma_r}+Q_{供流量}=\frac{10959.2}{1-2\%}+3500\approx14683\ (\mathrm{kg})$$

2）第二炉以及之后炉次的规格和根数。和第一炉不同的是，第二炉不需要加 3500kg 的供流量，按照确定第一炉计划的方法，不难得到第二炉及之后炉次的规格和根数为 ϕ250×5150×16＝1；加工计划为：ϕ250×550＝9，一共 144 根；$Q_{实际}$＝11183kg。

最终 3 号炉各炉次计划见表 5.3。

表 5.3　某次计划中 3 号炉计划排布情况

熔次号	合金牌号	规格及数量	加工计划	配料量/kg
3－505	6063	ϕ162× 5150×28＝1 4600×28＝1	ϕ162× 450＝11 400＝11	19100
3－506	5052	ϕ250×5150×16＝1	ϕ250×550＝9	14683
3－507	5052	ϕ250×5150×16＝1	ϕ250×550＝9	11183
3－508	5052	ϕ250×5150×16＝1	ϕ250×550＝9	11183
3－509	5052	ϕ250×5150×16＝1	ϕ250×550＝9	11183

说明：在本例计划排布过程中，侧重解决每炉次规格、根数、配料量以及铸造次数的确定，而没有考虑是否更换过滤板、是否清炉、是否测铝液中的氢含量、晶粒细化剂的用量及种类等其他相关事项。通过本例，最后可以将客户需求量和计划产量进行对比，见表 5.4。

表 5.4　某次计划中客户需求量与计划产量统计表

合金牌号	规格	客户需求量		计划产量	
		数量/根	质量/kg	数量/根	质量/kg
6063	ϕ162×450	310	7812	308	7762
6063	ϕ162×400	300	6720	308	6899
5052	ϕ250×550	550	40233	576	42134

从表 5.4 中可以看出，计划产量基本满足客户需求量。

5.3.3 出货日期的估算

出货日期按照第 4 章推出的公式（4.4）进行估算，即：

$$t_i = t_{1-\text{start}} + iT + \Delta t$$

在实际生产中可能因为设备故障、原材料短缺、能源供应不足等原因，导致生产不能按照计划正常进行。所以，计划中的出货日期一定不能超过订单中的交货日期（通常可以适当早几天），这样才能保证按时交货。

【例 5.3】 试估算例 5.2 中编号为 20××0519 的订单各合金最后一炉的出货日期（预计安排在××年 5 月 22 日的上午 10：00 开始生产）。

解： 根据本厂以往的生产经验，2 天可以生产 6 炉，所以每一炉的生产时间为 1/3 天，取延迟时间为 1 天。则：

（1）6063 的出货日期为：

$t_i = t_{1-\text{start}} + iT + \Delta t$ =5 月 22 日 10：00 +1 ×1/3 天 +1 天 =5 月 23 日 18：00

显然出货日期比交货日期 5 月 25 日要早，满足实际需求。

（2）5052 的出货日期为：

$t_i = t_{1-\text{start}} + iT + \Delta t$ =5 月 22 日 10：00 +5 ×1/3 天 +1 天 =5 月 25 日 2：00

显然出货日期比交货日期 5 月 28 日要早，满足实际需求。

答： 订单中 6063 和 5052 最后一炉的出货日期分别为××年 5 月 23 日 18 点和××年 5 月 25 日 2 点。

总结： 计划中估算出的出货日期为实际出货日期的一个参考值。当一张订单中，含有多个合金，且交货时间各不相同时，必须满足各个合金的出货日期都不大于交货日期。

5.3.4 生产计划统计表的填写

在板锭的生产计划统计表中，应该包含如下内容：（1）第一炉产品的计划生产日期；（2）熔次号；（3）合金的牌号；（4）合金的规格及根数；（5）合金的锯切加工计划；（6）配料量以及其他相关事项。

当以上内容确定并检查出货日期不超过交货日期后，务必准确无误地将其填写进计划统计表中，以供相关人员进行复核及查阅。图 5.9 所示为某厂变形铝合金圆锭生产计划统计表中的一页。

5.3.5 计划的调整、重排

和板锭一样，当所有计划制定完毕后，相关生产人员就必须按照计划统计表严格执行。但是当生产过程中出现如下几种情况时，则必须对还未生产的计划进行调整或重排：

时间	熔次号	牌号	规格及数量	加工计划	配料量/kg	备注
××年 7.22	3-605	6063	φ162×5150×28=1 φ162×5000×28=1	φ162×450=11 φ162×400=12	19700	换过滤板
	3-606	6063	φ162×5000×28=2	φ162×400=12	15900	
	3-607	6063	φ162×5000×28=2	φ162×400=12	15900	
	3-608	6063	φ162×5000×28=2	φ162×400=12	15900	
	3-609	6063	φ162×5000×28=2	φ162×400=12	15900	换过滤板
××年 7.29	3-610	5052	φ250×5150×16=1	φ250×550=9	14683	注意减 Si
	3-611	5052	φ250×5150×16=1	φ250×550=9	11183	
	3-612	5052	φ250×5150×16=1	φ250×550=9	11183	
	3-613	5052	φ250×5150×16=1	φ250×550=9	11183	换过滤板
	3-614	5052	φ250×5150×16=1	φ250×550=9	11183	
	3-615	5052	φ250×5150×16=1	φ250×550=9	11183	熔炼炉、静置炉放干，大清炉
××年 8.5	3-616	洗炉料	—	—	7000	换过滤板

第××页

图 5.9 某厂变形铝合金圆锭生产计划统计表示例

（1）减料过多使静置炉内铝水不足，致使不能按照该生产卡片上的计划执行。

（2）在铸造过程中出现拉漏、裂纹、冷隔等质量缺陷，导致产品报废。

（3）由于某些原因，临时更改计划。

在计划的调整或重排过程中，原则上应该对剩余的所有计划进行重新组合优化。

5.4 板锭和圆锭生产计划的对比

两种铝合金铸锭的生产计划有很多相似之处，但总的来说，板锭的生产计划要比圆锭复杂得多。具体原因如下：

（1）对比两种铸锭的最优化组合原则，不难发现板锭有 15 条，而圆锭只有 13 条，即板锭的约束条件要多 2 条。

（2）在同一铸次中，板锭常常有两种或以上的规格出现，涉及不同规格间的组合优化；而圆锭在同一个铸次中所有铸锭的规格都一样，不存在组合优化的问题。

（3）圆锭总是把某种规格的计划全部下完，然后再安排另一种规格的计划，各炉次间不存在组合优化的问题；而对于板锭，一般不是按照规格的顺序依次下完计划，各种规格相互组合优化，各炉次间存在组合优化的问题。

（4）板锭的每根成品质量一般比较大，对根数比较敏感，下计划的时候，原则上都必须恰好等于订单中要求的根数；而圆锭的每根成品质量一般比较小，对根数不是很敏感，下计划的时候适当多于或少于订单要求的根数问题都不大，只要总质量出入不要太大即可。

因此，只要掌握了板锭生产计划的制定方法，那么学习圆锭生产计划的制定就很容易了。

6 铸造铝合金生产计划

和变形铝合金生产计划一样，铸造铝合金的生产计划，也主要涉及各个炉次的配料量和总的炉次数的确定，以及时间节点的确定。

由于铸造铝合金的规格都是统一的，或者说在铸造铝合金中不关心规格参数（因为铸造铝合金在下游厂家的使用过程中都要重新熔化），因此铸造铝合金的生产计划相对变形铝合金的生产计划要简单得多。本章将详细讨论铸造铝合金的生产计划。

6.1 计划制定的原则

和变形铝生产计划的制定一样，在铸造铝生产计划的制定中，也总是朝着尽可能地缩短生产周期、减少人力成本、降低原材料成本、提高产品成品率等原则来合理搭配产品的生产时间和顺序，这些优化原则被称做最优化组合原则。具体内容如下：

（1）不同牌号、不同成分标准的合金不能安排在同一个炉次。

（2）尽可能地按照计划单的时间先后顺序来安排。

（3）各炉子的投料量尽量达到最大炉容量。

（4）应使总的炉次数最少。

（5）每炉次只安排一个铸次，原则上不允许两个或两个以上的铸次出现。

6.2 生产计划的制定

铸造铝合金生产计划的制定，其内容如下：

（1）确认订单，包含产品的种类、需求量、交货日期、成分标准以及其他特殊要求。

（2）确定产品的每一炉次的熔次号、配料量以及总的炉次数。

（3）确定产品最终出货日期（应该早于交货日期）。

（4）填写计划到计划统计表中。

6.2.1 订单的确认

一张典型的铸造铝合金生产订单如图 6.1 所示。

××厂家采购订单

订单编号：20××0501

序号	牌号	质量/t	交货日期	备 注
1	ADC12	100	××年5.20	成分标准及其他要求详见附件
2	AC4B	30	××年5.21	成分标准及其他要求详见附件

销售部
××年5月1日

图6.1 铸造铝合金生产订单

订单的内容是根据采购厂家自身的需求而决定的。当生产厂家与采购厂家签订订单后，生产厂家的生产部门必须对订单的内容进行一一确认，保证订单内容准确无误，因为整个生产计划都是以订单内容为基础的。

从图6.1所示的订单中，可以获取产品的种类、需求量、交货日期、成分标准以及其他特殊要求等数据。

6.2.2 计划的排布

由于铸造铝合金铸锭的规格是一定的，且下游厂家对铸锭需要二次重熔用于低压或高压铸造，因此对铸造铝合金的几何尺寸规格没有过多的要求，这就决定了铸造铝合金的订单是按吨位来订货的（有别于变形铝合金是按几何尺寸规格来订货）。所以在铸造铝合金生产计划中，只需确定每一炉次的牌号、熔次号、配料量以及总的炉次数即可。

6.2.2.1 牌号的确定

通过订单的确认环节，直接读取出合金的牌号。

6.2.2.2 熔次号的确定

铸造铝合金熔次号的确定方法和变形铝合金完全一样，请参阅第4.3.2节相关内容，这里不再赘述。

6.2.2.3 配料量及炉次数的确定

铸造铝合金每一炉次的配料量及总的炉次数的确定方法，请参看第3.1.2节和3.2.2节的内容，这里不再赘述。

6.2.2.4 其他相关事项

其他相关事项主要包括确定是否使用或更换过滤板、是否清炉、是否测铝液中的氢含量、变质剂的种类及用量、熔剂的种类及用量、是否切取试片、打印堆码编号等，各事项在各厂家工艺文件里均有相关的规定和制度，这里就不再叙述。

6.2.3 出货日期的估算

出货日期仍然按照第4章推出的公式（4.4）进行估算，即：

$$t_i = t_{1-\text{start}} + iT + \Delta t$$

和变形铝合金一样，铸造铝合金在实际生产中也可能因为设备故障、原材料短缺、能源供应不足等原因，导致生产不能按照计划正常进行。所以，计划中的出货日期一定不能超过订单中的交货日期（通常可以适当早几天），这样才能保证按时交货。

【例6.1】某单位A欲在本厂采购AC4B，其采购订单如图6.2所示（采购厂家不愿意多购买）。已知本厂静置炉的最大炉容量是21t、熔炼炉的最大炉容量是18t，准备安排在××年12月23日的下午1：00开始生产，试估算最后一炉的出货日期。

××厂家采购订单

订单编号：20××1221

序号	牌号	质量/t	交货日期	备 注
1	AC4B	100	××年12.30	成分标准及其他要求详见附件

销售部

××年12月21日

图6.2 某单位A的采购订单

解：由于AC4B属于高铁组，在熔炼炉和静置炉中都需要投料。考虑到要烫铣屑、扒渣等操作，每炉少投放2t，即 $Q_{空余量}=2\text{t}$，于是 $(Q_{最大炉容}-Q_{空余量})_{静置炉}=21-2=19$（t）。

由于100t＞19t，则应按照式（3.6）确定其理论配料量：

$$Q_{理论}=(Q_{最大炉容}-Q_{空余量})_{静置炉}=19\ (\text{t})$$

$$n=\frac{100}{19}\approx 5.26$$

讨论：

（1）如果 n 取5，则理论产出量为95t，要比客户需求量少5t。

（2）如果 n 取6，则理论产出量为114t，要比客户需求量多14t。

虽然采购厂家A不愿意多购买AC4B合金，但是由于另一厂家B使用的该牌号的合金与厂家A的合金成分要求一样。故可以多生产1炉，即 n 取6。

根据本厂以往的生产经验，2天可以生产5炉，所以每一炉的生产时间为0.4天。

于是　　$t_n = t_{1\text{-start}} + nT + 1$ =12 月 23 日 13：00 +6 ×0.4 天 +1 天

=12 月 26 日 22：36

采用进一法处理，t_n =12 月 26 日 23 点。

显然出货日期比交货日期 12 月 30 要早，满足实际需求。

答：最后一炉的出货日期为 × ×年 12 月 26 日 23 点。

总结：计划中估算出的出货日期为实际出货日期的一个参考值，这也是销售员跟采购厂家签单的协商依据。如果计算出的出货时间比交货时间晚，那么就需要增加一台炉子同时生产；如果本厂没有多余的设备保证按时交货，那么销售员就需要和采购厂家做进一步协商。

6.2.4　生产计划统计表的填写

在铸造铝合金生产计划统计表中，应该包含如下内容：（1）第一炉产品的计划生产日期；（2）熔次号；（3）合金牌号；（4）配料量以及其他相关事项。

当以上内容确定后，必须准确无误地将其填写进计划统计表中，以供相关人员进行复核及查阅。图 6.3 所示为某厂铸造铝合金生产计划统计表中的一页。

时间	熔次号	合金牌号	配料量/kg	备　注
× ×年 12. 23	5 – 1315	AC4B	18000	
	5 – 1316	AC4B	15000	
	5 – 1317	AC4B	15000	
	5 – 1318	AC4B	15000	熔炼炉放干扒铁
	5 – 1319	AC4B	18000	
	5 – 1320	AC4B	15000	
	5 – 1321	AC4B	15000	
	5 – 1322	AC4B	15000	熔炼炉放干扒铁
	5 – 1323	AC4B	18000	
	5 – 1324	AC4B	12000	熔炼炉放干扒铁 静置炉放干，大清炉
× ×年 12. 30	5 – 1325	洗炉料	7000	用电解铝液洗炉
	5 – 1326	ZLD101	18000	
	5 – 1327	ZLD101	18000	
	5 – 1328	ZLD101	18000	

第 × ×页

图 6.3　某厂铸造铝合金生产计划统计表示例

6.2.5 计划的调整、重排

对于铸造铝合金，由于炉料成分的复杂性，一般要进行多次的计划调整或重排。由于铸造铝合金不涉及规格间的组合优化，因此其计划的调整或重排都比较简单，主要涉及增减炉次计划或更改配料量等。

6.3 铸造铝和变形铝生产计划的差异

两种铝合金的生产计划主要有如下三大差异：

（1）订单的结构不同。变形铝主要是按尺寸规格来订货的（订单中的吨位主要是为了估算价格和统计原材料），而铸造铝均是按吨位来订货的。

（2）每炉可以安排的铸造次数（即铸次）不同。在变形铝合金中每炉原则是不安排两个或两个以上铸次的生产计划的，但是由于实际变形铝的规格很多，而且每种规格的量也可能很少，因此实际上常常有两个或三个铸次的情况出现；而在铸造铝合金生产计划中，都不会安排两个或两个以上铸次的计划，均是整炉全部出炉铸造。

（3）生产计划统计表中的内容不同。在变形铝合金生产计划统计表中，包含具体的尺寸规格（如厚度、宽度、长度、直径）、加工计划（如切头、切尾的长度）等，但是在铸造铝合金中不包含这些内容。两种铝合金生产计划统计表中的内容对比见表6.1。

表6.1 铸造铝和变形铝生产计划统计表中的内容对比

生产计划表中的主要内容	铸造铝合金	变形铝合金
第一炉产品的生产日期	√	√
熔次号	√	√
合金牌号	√	√
配料量	√	√
规格		√
加工计划		√

7 生产计划的优化仿真

对于铝合金生产计划的制定，前面讲到的经验尝试法不失为一种较好的传统手工排布方法。但是该方法人为因素比较大、比较耗费人力和时间，而且往往也得不到最优解决方案，在社会日益发展的今天，越来越不适应现代企业的发展需求。

合理地制定铝合金熔炼与铸造生产计划，对于提高成品率和设备利用率、降低能耗等方面有着重要作用。因此，这一课题的研究就显得极为重要。而计算机技术的发展和普及就能很好地解决以上问题。

由于计算机本身具有运行速度快、计算精度高、能处理复杂的数理逻辑问题等特点，因此使用计算机排布计划具有如下优点：

（1）准确性高；

（2）速度快；

（3）可以得到最优（或近似最优）解决方案；

（4）计划便于及时查询、调整、修改；

（5）可以使计划的统计更加规范化、标准化、多元化。

下面将详细讲解铝合金生产计划制定的计算机优化仿真。

7.1 变形铝生产计划的优化仿真

7.1.1 国内现状

作者在国内各大权威数据库，如知网、万方、维普等，以及百度、Google等搜索引擎，查阅到铝合金熔铸行业关于计算机排布计划的相关研究报告和学术成果屈指可数，很多计划调度方面的内容必须参考钢铁、机械等行业的有关资料[5,6]。这主要是由以下几方面造成的：

（1）铝合金生产计划的排布是生产调度的核心，属于调度算法研究的范畴，而调度算法本身就属于比较棘手的难题。据有关资料介绍，用严格的数学方法至今都还没彻底解决这个问题。科内尔大学的康威（R. W. Conway）在他的《调度理论》一书中写过这样一段话：“一般作业车间的排序问题，是一个很有吸引力的课题。虽然描述所要求解的问题是容易的，但向着求解的方向做任何改进都是极端困难的。许多有志之士都研究过这个问题，但他们基本上都是一无所获。由于失败和挫折都未报道，因此问题继续诱惑着新的探索者，他们不相信如此简单结构的问题会那么困难，直到他们亲自尝试之后才会明白。”[7]

（2）由于这个问题过多的涉及企业，属于应用型的课题，各大专院校及科研机构一般不会涉及该问题，导致对该问题研究的人数偏少。

（3）目前各生产厂家对该问题的意识不足或者缺乏相关的技术研发实力；也有出于商业技术保密的原因，相关的研究成果还未对外公开。

7.1.2 数学模型

为了便于表述铝合金生产计划的排布过程，作者提出了以下几个重要的概念。

7.1.2.1 优先数、选择数

A 优先数

一张生产计划单，可以看成一张二维数表，进而抽象成一个二维数组。多张生产计划单重叠在一起，可以看成对数组的叠加，于是构成一个三维数组。由于三维数组处理起来比较复杂，作者引进优先数的概念，进而将问题转化为二维数组。其示意图如图7.1所示。

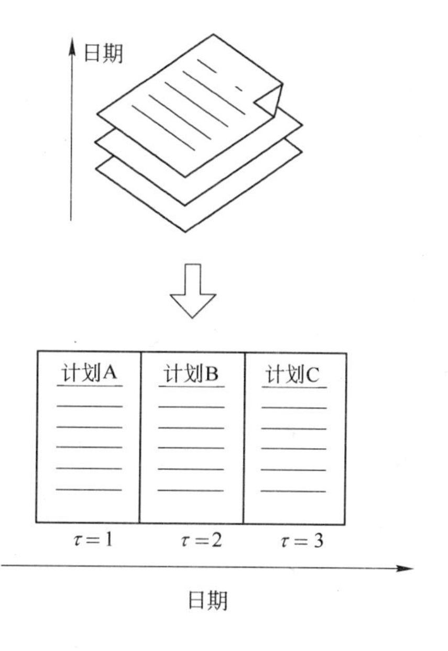

图7.1 计划单的转化示意图

优先数（τ），指生产计划单中每种规格在交货时间上的优先程度。优先数越大，那么将被安排得越靠前，优先数一般取自然数，也可取负整数。于是，多张生产计划单连同优先数合并成一张计划单，排布计划时，按照优先数从大到小的顺序排列。

【例7.1】 现有三张计划单分别为A、B、C，其交货时间见表7.1。问计划单A、B、C的优先数分别为多少？

表7.1 各计划单的交货时间

计划单名称	交货时间	计划单名称	交货时间
A	××年3月10号	C	××年3月28号
B	××年3月18号		

解： 按照交货时间从早到晚依次排序为A、B、C，为了避免负数的出现，一般取交货时间最晚的计划单C的优先数$\tau_C=1$，于是可以得出计划单A的优先数$\tau_A=3$，计划单B的优先数$\tau_B=2$。

B　选择数

在实际排布计划的过程中，由于计划单自身结构的不合理，常常会从交货期相近的其他计划单中，抽取出部分计划，合并到该计划单中一起组合优化。因此，作者提出选择数的概念对该问题加以描述和处理。

选择数（δ），指计划单中每种规格被选中的状态。其计算公式为：

$$\delta = \begin{cases} 0, & \text{计划未被选取时} \\ 1, & \text{计划被选取时} \end{cases} \tag{7.1}$$

说明：其他计划单中的计划能够被选取合并到本次计划单中参与组合优化，必须满足如下两点：

（1）牌号、成分标准、工艺标准等和本次计划完全相同；

（2）交货日期和本次计划相近。

C　某一炉次的优先数和选择数的计算

在生产计划组合优化的过程中，由于选择数为零的规格不允许参与组合优化，因此某一炉次的选择数是恒等于1的。

优先数不同的规格之间允许参与组合优化并成一个炉次，其优先数等于组合成该炉的各规格的优先数的最大值。设某一炉中安排的规格有 n 种，各自的优先数为 τ_1、τ_2、τ_3、…、τ_n，那么该炉的优先数 τ 为：

$$\tau = \max(\tau_1, \tau_2, \tau_3, \cdots, \tau_n) \tag{7.2}$$

引入优先数和选择数的概念后，就可以把多张计划单转化为一张计划单。

7.1.2.2　不均分连接、均分连接

在实际生产中会由于铸造机出现故障、供流不足或静置炉内铝水不够等原因造成铸锭短尺、拉漏，从而导致产品报废。为了降低废品率，常常把相同规格（在板锭中指厚度和宽度；在实心圆锭中指直径；在空心圆锭中指外径和内径）的铝合金铸锭连接成一根更长的坯锭铸造，如果有短尺出现，可以锯切加工成较短的长度，从而不会导致整根坯锭报废，尽可能地保证了产品几何成材率的最大化。根据参与连接的铸锭的长度差异，分为不均分连接和均分连接。

A　不均分连接

不均分连接，指将两种或两种以上长度不相同但规格相同的铝合金铸锭连接成一根长度更长的坯锭的连接形式，其示意图如图7.2所示。其连接后总的坯锭长度不能超过铸机（或铸造井）允许的最大铸造长度。

如果只有两种长度不同但规格相同的铝合金铸锭参与不均分连接，此时称做二元不均分连接。当长度包含三种或三种以上时，统称为多元不均分连接。

不均分连接率，指按照不均分连接形式连接的某根坯锭中所包含的规格相同

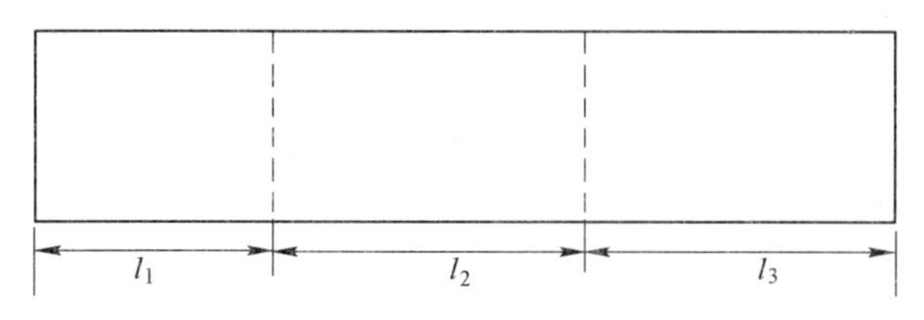

图 7.2 不均分连接示意图

但长度不同的铝合金铸锭的总根数，其计算公式为：

$$\gamma_{不均分} = \sum_{i=1}^{n} k_i \tag{7.3}$$

式中 $\gamma_{不均分}$——不均分连接率；

n——长度种类数；

k_i——第 i 种铸锭的根数。

不均分连接长度，指按照不均分连接形式连接的坯锭的长度，其计算公式为：

$$l_{不均分} = \sum_{i=1}^{n} k_i l_i + l_{锯切} \tag{7.4}$$

式中 $l_{不均分}$——不均分连接长度，mm；

n——规格的种类数；

k_i——第 i 种铸锭的根数；

l_i——第 i 种铸锭的实际长度，mm；

$l_{锯切}$——锯切长度，mm。

最大不均分连接长度，指按照不均分连接形式连接的坯锭的最大长度。

最大不均分连接率，指按照不均分连接形式，获得最大不均分连接长度时，对应的不均分连接率。最大不均分连接率反映了铸机铸造参与不均分连接的这几种规格产品的能力。最大不均分连接率越高，其算法空间就越大，计算时间也就越长。

设共有 n 种长度不同但规格相同的铸锭（编号为 1、2、3、…、n，各长度分别为 l_1、l_2、l_3、…、l_n）参与不均分连接。取 k_1 根 1 号铸锭、k_2 根 2 号铸锭、k_3 根 3 号铸锭、…、k_{n-1} 根 $n-1$ 号铸锭为参考标准 S，把 $l_S = \sum_{i=1}^{n-1} k_i l_i$ 称做参考连接长度，$\gamma_S = \sum_{i=1}^{n-1} k_i$ 称做参考连接率。则可以计算出 n 号铸锭相对于参考标准 S 的最大相对连接率以及最大相对连接长度为：

$$\begin{cases} \Gamma_{n\to S} = \mathrm{Int}\left(\dfrac{H - l_{锯切} - l_S}{l_n}\right) \\ L_{n\to S} = \Gamma_{n\to S} l_n \end{cases} \tag{7.5}$$

式中 H——铸机允许的最大铸造长度，mm；

$l_{锯切}$——锯切长度，mm；

l_n——第 n 种铸锭的实际长度，mm；

l_S——参考连接长度，mm；

Int (x)——求不大于 x 的最大整数。

当 $\Gamma_{n\to S}\leqslant 0$ 时，表示 n 号铸锭不能按照参考标准 S 采取不均分连接。当 $\Gamma_{n\to S}>0$ 时，表示 n 号铸锭可以按照参考标准 S 采取不均分连接。

由式（7.3）和式（7.5），可以得到最大不均分连接率等于参考连接率与最大相对连接率之和，即：

$$\Gamma_{不均分} = \gamma_S + \Gamma_{n\to S} \tag{7.6}$$

由最大不均分连接率可以得到，不均分连接率 $\gamma_{不均分}=1, 2, 3, \cdots, \Gamma_{不均分}$。

由式（7.4）和式（7.5）可以得到最大不均分连接长度等于参考连接长度、最大相对连接长度以及锯切长度三者之和，即：

$$L_{不均分} = l_S + L_{n\to S} + l_{锯切} \tag{7.7}$$

参考标准选取的不同，得到的最大不均分连接率和最大不均分连接长度一般也不同。

板锭的 $\gamma_{不均分}$ 一般不超过 3，且 k_i 一般都取 1；考虑到之后锯切加工难度的问题，n 一般也不超过 3。

实心圆锭和空心圆锭，一般不采用不均分连接的形式组织生产。如果按照不均分连接形式组织生产时，其规格的种类数 n 常常也只取 2。由于其最终成品铸锭要求比较短（常常小于 1m），故其 $\gamma_{不均分}$ 一般较高，常常可以达到 8 以上，k_i 一般都取 1，n 一般取 2。

在铝合金生产计划中常用到的几种不均分连接见表 7.2。

表 7.2 铝合金生产计划中常用的几种不均分连接情况

名　称	参考标准 S	$\Gamma_{不均分}$	$L_{不均分}$	备　注
二元	$k_1=1$ $\gamma_S=1$ $l_S=l_1$	2	$l_1+l_2+l_{锯切}$	即两种规格的产品各取一根
三元	$k_1=1$，$k_2=1$ $\gamma_S=2$ $l_S=l_1+l_2$	3	$l_1+l_2+l_3+l_{锯切}$	即三种规格的产品各取一根

【例 7.2】已知铸造机允许的最大铸造长度为 6000mm，判断以下 5052 扁锭能否采取不均分连接形式？如果可以，则计算出其最大不均分连接率及最大不均分连接长度。

（1）规格 1（510×1700×2450）相对于规格 2（510×1700×2500=1）；

（2）规格 1（510×1700×2450）相对于规格 3（510×1700×4500=1）。

解： 对于 5052 扁锭，按照切头 100mm、切尾 200mm 的标准执行，即：锯切长度 $l_{锯切}=100+200=300$（mm）。

（1）由于

$$\Gamma_{1\to 2} = \mathrm{Int}\left(\frac{H - l_{锯切} - l_2}{l_1}\right) = \mathrm{Int}\left(\frac{6000-300-2500}{2450}\right) = 1 > 0$$

因此这两种规格的铸锭可以按照不均匀连接的形式组织生产。

$$\Gamma_{不均分} = \gamma_S + \Gamma_{n\to S} = 1 + 1 = 2$$

$$L_{不均分} = l_S + L_{n\to S} + l_{锯切} = 2500 + 2450 + 300 = 5250\ (\mathrm{mm})$$

（2）由于

$$\Gamma_{1\to 3} = \mathrm{Int}\left(\frac{H - l_{锯切} - l_3}{l_1}\right) = \mathrm{Int}\left(\frac{6000-300-4500}{2450}\right) = 0$$

因此这两种规格的铸锭不能按照不均匀连接的形式组织生产。

B 均分连接

均分连接，也称本征连接，指将两根或两根以上规格和长度完全相同的铝合金铸锭连接成一根长度更长的坯锭的连接形式（特别的，当坯锭只含一根铸锭时，也把它包含在均分连接中），其示意图如图 7.3 所示。其连接后总的铸造长度不能超过铸机（或铸造井）允许的最大铸造长度。

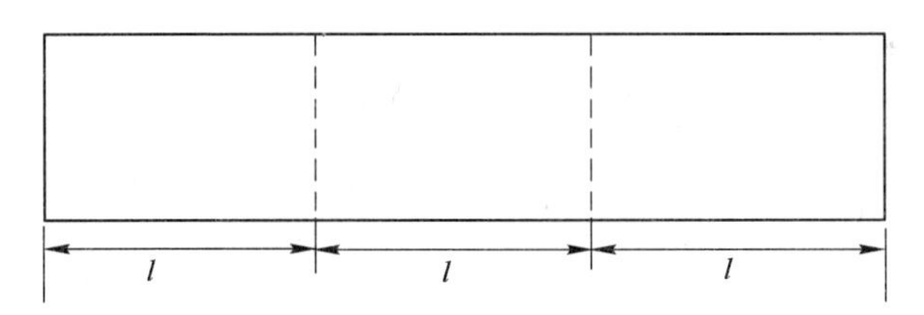

图 7.3 均分连接示意图

均分连接率，指按照均分连接形式连接的某根坯锭中所包含的规格和长度完全相同的铝合金铸锭的总根数。

$$\gamma_{均分} = k \tag{7.8}$$

式中 $\gamma_{均分}$——均分连接率；

k——坯锭中所包含的规格和长度完全相同的铸锭根数。

均分连接长度，指按照均分连接形式连接的坯锭的长度。其计算公式为：

$$l_{均分} = \gamma_{均分} l + l_{锯切} \leqslant H \tag{7.9}$$

式中 $l_{均分}$——均分连接长度，mm；

$\gamma_{均分}$——均分连接率；

l——每根铝合金铸锭的实际长度，mm；

$l_{锯切}$——锯切长度，mm；

H——铸机允许的最大铸造长度，mm。

最大均分连接长度，指按照均分连接形式连接的坯锭的最大长度。

最大均分连接率，指按照均分连接形式，获得最大均分连接长度时，对应的均分连接率。其计算式如下：

$$\Gamma_{均分} = \mathrm{Int}\left(\frac{H - l_{锯切}}{l}\right) \tag{7.10}$$

式中 H——铸机允许的最大铸造长度，mm；

$l_{锯切}$——锯切长度，mm；

l——每根铸锭的实际长度，mm；

Int (x)——求不大于 x 的最大整数。

最大均分连接率反映了铸机铸造该种规格产品的能力。由最大均分连接率可以得到，均分连接率 $\gamma_{均分}=0, 1, 2, 3, \cdots, \Gamma_{均分}$。

由式（7.9）和式（7.10），可以得到最大均分连接长度为：

$$L_{均分} = \Gamma_{均分} l + l_{锯切} \tag{7.11}$$

板锭的最大均分连接率一般不超过4；圆锭由于客户实际需求长度较短，以及起吊铸锭的方式不一样（变相增大了铸机允许的最大长度），因此一般都可以达到10甚至更高。最大均分连接率越高，其算法空间就越大，计算时间也就越长。

实际生产中绝大多数是按照均分连接形式组织生产的，所以均分连接形式是一种很重要的连接形式。

变形铝合金生产计划的排布，其实质是对各种规格的计划按照不均分连接和均分连接形式进行组合优化。

【例7.3】 已知铸造机允许的最大铸造长度为6000mm，求以下5052扁锭和圆锭的最大均分连接率以及最大均分连接长度：（1）510×1700×2450；（2）ϕ162×400。

解：（1）对于5052扁锭，按照切头100mm、切尾200mm的标准执行，即：锯切长度 $l_{锯切}=100+200=300$（mm）。

所以有：

$$\Gamma_{均分} = \mathrm{Int}\left(\frac{H - l_{锯切}}{l}\right) = \mathrm{Int}\left(\frac{6000-300}{2450}\right) = 2$$

$$L_{均分} = \Gamma_{均分} l + l_{锯切} = 2\times2450+300 = 5200 \text{ (mm)}$$

（2）对于5052圆锭，按照切头50mm、切尾150mm的标准执行，即：锯切长度 $l_{锯切}=50+150=200$（mm）。

所以有：

$$\Gamma_{均分} = \mathrm{Int}\left(\frac{H - l_{锯切}}{l}\right) = \mathrm{Int}\left(\frac{6000 - 200}{400}\right) = 14$$

$$L_{均分} = \Gamma_{均分} l + l_{锯切} = 14 \times 400 + 200 = 5800 \text{ (mm)}$$

7.1.3 核心函数及算法

在优化仿真过程中，要用到以下函数及算法：

（1）GaibanGongyong（x，y）。功能：判断规格 x 和 y 是否可以共用一套盖板及底座；返回值：True 或 False。

（2）Jiaoji（x，y）。功能：计算两组数间交集的个数，即相同元素的个数；返回值：自然数。

（3）JianChaRJL（）、JianChaZLC（）、JianChaCDC（）、JianChaLFL（）。功能：分别为检查容积率、质量差、长度差、浪费率是否在规定范围内；返回值：True 或 False。

（4）Dispersion 算法，也称色散算法。功能：用于计划的排序操作；返回值：无。

（5）ComOptimization 算法包。功能：用在计划的组合优化环节；返回值：无。

（6）SpecialTreatment 算法包。功能：对奇异数据进行处理；返回值：无。

7.1.4 计算流程

计算机下计划包含了计划的输入、保存，计划的排布，计划的输出、保存三个过程。下面分别对各个过程做详细的介绍。

7.1.4.1 计划的输入、保存

计划的排布过程都是在计算机中进行的，所以必须先把纸质计划单输入到计算机中，转化为电子文档并保存。为了便于今后的查询和审核，文件名一定要唯一标识，一般要包含计划单号，如某计划单号为 QH0122 的计划单，则可以对计划单电子文件直接命名为 QH0122。

7.1.4.2 计划的排布

计划的排布，涉及很多复杂的算法过程，是整个下计划过程的核心数理环节。其排布过程如图 7.4 所示。

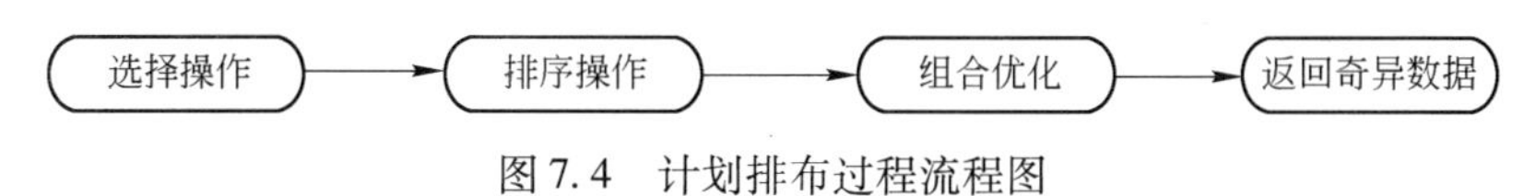

图 7.4 计划排布过程流程图

A 选择操作

选取计划中选择数 $\delta = 1$，且最大均分连接率 $\Gamma_{均分} > 0$ 的规格。

B 排序操作

这里的排序是指对二维数组的排序，具体应按照如下顺序进行排序：

（1）对优先数 τ 按照从大到小；
（2）对规格按照从大到小；
（3）对最大均分连接率 $\Gamma_{均分}$ 按照从大到小；
（4）对长度按照从大到小。

下面通过例 7.4 来详细说明排序操作的具体过程。

【例 7.4】 试对表 7.3 中的计划进行排序操作。

表 7.3 待排序的计划

优先数	厚度/mm	宽度/mm	均分连接率	长度/mm	数量/根
2	400	1120	1	5000	10
2	400	1120	2	2000	4
2	400	1120	2	2300	5
2	400	1120	2	2500	10
2	400	1620	1	4700	2
1	400	1700	2	2200	12
2	510	1030	1	4500	9
2	510	1030	2	2500	8
1	510	1350	1	4300	6
1	510	1450	1	4300	5
2	510	1700	2	2500	6
1	510	1320	1	3500	5
1	400	990	1	4450	7

解：（1）对优先数由大到小进行排序，结果见表 7.4。

表 7.4 第一次排序结果

优先数	厚度/mm	宽度/mm	均分连接率	长度/mm	数量/根
2	400	1120	1	5000	10
2	400	1120	2	2000	4
2	400	1120	2	2300	5
2	400	1120	2	2500	10
2	400	1620	1	4700	2
2	510	1030	1	4500	9
2	510	1030	2	2500	8
2	510	1700	2	2500	6
1	400	1700	2	2200	12
1	510	1350	1	4300	6
1	510	1450	1	4300	5
1	510	1320	1	3500	5
1	400	990	1	4450	7

（2）对规格中的厚度由大到小进行排序，结果见表 7.5。

表 7.5 第二次排序结果

优先数	厚度/mm	宽度/mm	均分连接率	长度/mm	数量/根
2	510	1030	1	4500	9
2	510	1030	2	2500	8
2	510	1700	2	2500	6
2	400	1120	1	5000	10
2	400	1120	2	2000	4
2	400	1120	2	2300	5
2	400	1120	2	2500	10
2	400	1620	1	4700	2
1	510	1350	1	4300	6
1	510	1450	1	4300	5
1	510	1320	1	3500	5
1	400	1700	2	2200	12
1	400	990	1	4450	7

（3）对规格中的宽度由大到小进行排序，结果见表 7.6。

表 7.6 第三次排序结果

优先数	厚度/mm	宽度/mm	均分连接率	长度/mm	数量/根
2	510	1700	2	2500	6
2	510	1030	1	4500	9
2	510	1030	2	2500	8
2	400	1620	1	4700	2
2	400	1120	1	5000	10
2	400	1120	2	2000	4
2	400	1120	2	2300	5
2	400	1120	2	2500	10
1	510	1450	1	4300	5
1	510	1350	1	4300	6
1	510	1320	1	3500	5
1	400	1700	2	2200	12
1	400	990	1	4450	7

（4）对最大均分连接率 $\Gamma_{均分}$ 由大到小进行排序，结果见表 7.7。

表 7.7 第四次排序结果

优先数	厚度/mm	宽度/mm	均分连接率	长度/mm	数量/根
2	510	1700	2	2500	6
2	510	1030	2	2500	8
2	510	1030	1	4500	9
2	400	1620	1	4700	2
2	400	1120	2	2000	4
2	400	1120	2	2300	5
2	400	1120	2	2500	10
2	400	1120	1	5000	10
1	510	1450	1	4300	5
1	510	1350	1	4300	6
1	510	1320	1	3500	5
1	400	1700	2	2200	12
1	400	990	1	4450	7

（5）对长度由大到小进行排序，结果见表 7.8。

表 7.8 第五次排序结果

优先数	厚度/mm	宽度/mm	均分连接率	长度/mm	数量/根
2	510	1700	2	2500	6
2	510	1030	2	2500	8
2	510	1030	1	4500	9
2	400	1620	1	4700	2
2	400	1120	2	2500	10
2	400	1120	2	2300	5
2	400	1120	2	2000	4
2	400	1120	1	5000	10
1	510	1450	1	4300	5
1	510	1350	1	4300	6
1	510	1320	1	3500	5
1	400	1700	2	2200	12
1	400	990	1	4450	7

以上是针对板锭计划的一个排序操作实例，对于圆锭，其排序操作过程也与之类似。这里用到了前面讲到的 Dispersion 算法。不难发现，整个排序过程仿佛物理学中复色光被色散系统分光后，而排列出的光谱图案（图 7.5 所示为可见光光谱），所以也把它称做色散算法。

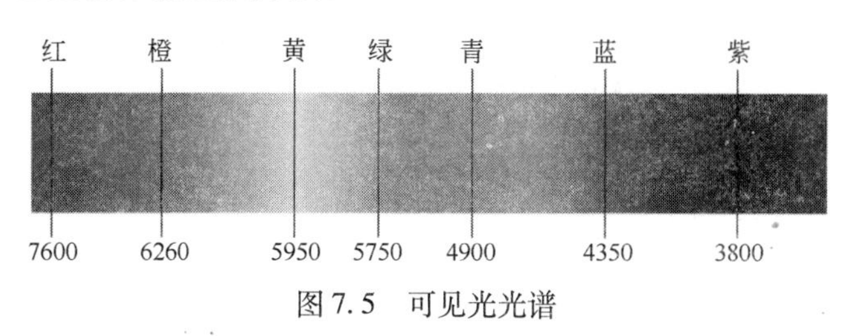

图 7.5　可见光光谱

在排序操作中，每经过一次排序处理，称做一次色散。把排序的操作次数称做色散次数。色散次数越高，其算法空间也就越大。如例 7.4 中，其色散次数为 5，即要经过五次排序处理。在算法设计过程中，如果还要考虑其他因素，比如相对连接率，则其色散次数会相应地提高，这里不再深入讨论。表 7.9 列出了一些常见铝合金的色散次数。

表 7.9　一些常见铝合金的色散次数

铝合金类型		色散次数
变形铝合金	扁锭	5
	方锭	5
	实心圆锭	4
	空心圆锭	5
铸造铝合金	高铁组	1
	低铁组	1

C　组合优化

这里要用到 ComOptimization 算法包，该算法的核心思想是最优化组合原则。ComOptimization 算法包替代了传统的经验尝试法，其计算精度和速度大大提高，且能在短时间内获得最优解或近似最优解，其基本流程如图 7.6 所示。

D　返回奇异数据

当由于计划单本身结构的不合理，而出现一些无法排布的计划，把这些计划统称为奇异数据。这些剩余的计划必须返回到计划单中，告诉计划员这些计划无法安排。对于返回的奇异数据，一般有如下几种处理方式：

（1）考虑是否可以通过增加铸次的方式，追加到其他已经排好的炉次计划中；

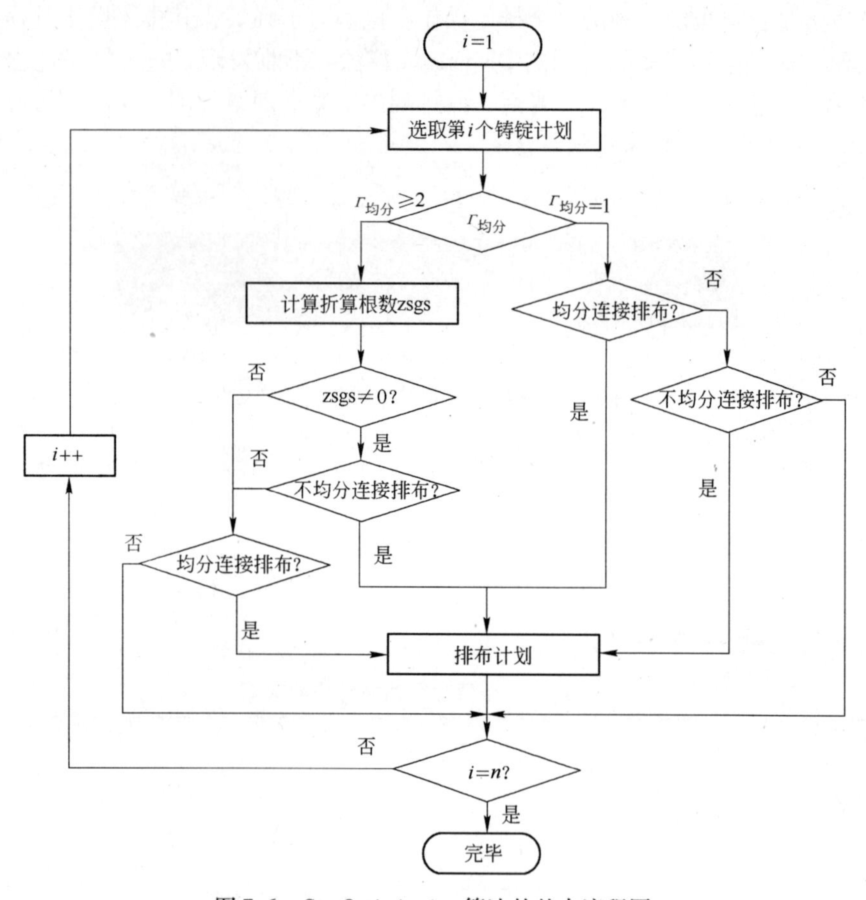

图 7.6　ComOptimization 算法的基本流程图

（2）从其他计划单中抽取出部分计划一起下计划；

（3）和需求厂家协商，增加计划，原则上不允许放弃订单；

（4）暂不处理，使之参与之后的计划调整或重排。

E　圆锭的特殊处理

圆锭由于成品质量一般较小，其订单量对根数不是很敏感，因此下计划的时候可以适当增加或减少订单要求的根数，只要总的计划产量和客户需求量出入不太大即可。这样处理的好处是可以尽量减少奇异数据，提高设备利用率。该处理过程集成在了 SpecialTreatment 算法包中。

引入计划精度 $\Delta = | Q_{客户需求量} - Q_{计划产量} |$ 以及允许的最大计划精度 Δ_{max}，该处理过程如图 7.7 所示。

在图 7.7 中“调节计划产量”环节，一般采取把最后一铸次全部满排或增加一炉次的方式进行调节。

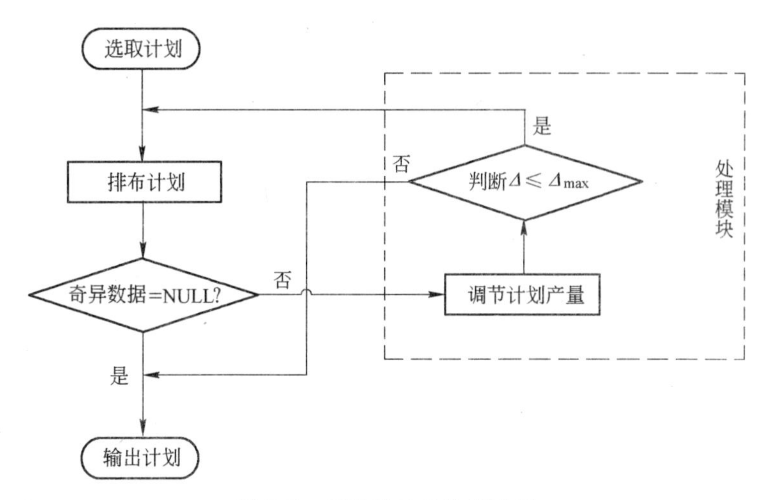

图 7.7　圆锭的特殊处理过程

7.1.4.3　计划的输出、保存

当把计划排布好后，就须把计划排布结果输出并保存到数据库中，以供相关人员查询和复核。

保存的文件名称一定要唯一标识。和计划单的命名有所不同，计划排布结果的名称除了要包含计划单号外，还应该包含计划排布的时间。这是因为计划总是经常变动的，往往要对计划做及时的调整和修改，甚至重新排布，如某计划单号为 QH0122 的计划单在 ××年的 5 月 1 日排布，则可以对计划排布结果命名为 QH0122 - ××0501。

7.2　铸造铝生产计划的优化仿真

由于铸造铝合金的色散次数很低，因此其计划的排布相对于变形铝合金要简单得多。但因为计算机排布计划具有便于电子存档、修改、查询等优点，所以有必要对其进行介绍。

铸造铝合金计算机下计划仍然包含了计划的输入、保存，计划的排布，计划的输出、保存三个过程。

7.2.1　计划的输入、保存

和变形铝合金生产计划的排布一样，首先必须把纸质计划单输入到计算机中，转化为电子文档并保存。为了便于今后的查询和审核，文件名一定要唯一标识，一般要包含计划单号。

7.2.2　计划的排布

铸造铝合金计划的排布过程不涉及规格间的组合优化，其排布过程如图 7.8

所示。

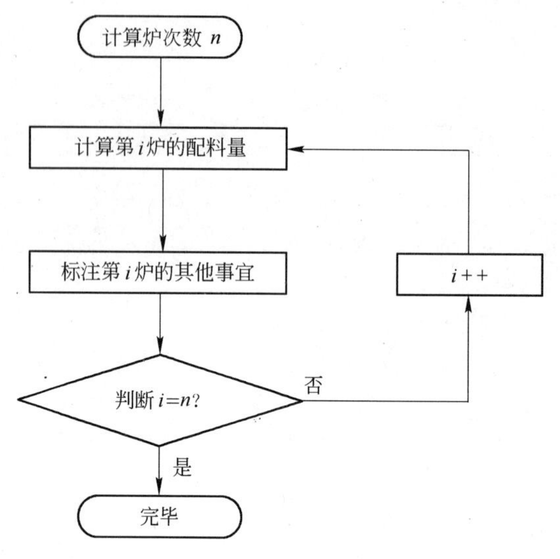

图 7.8 铸造铝合金生产计划排布流程图

7.2.3 计划的输出、保存

当把计划排布好后，就须把计划排布结果输出并保存到数据库中，以供相关人员查询和复核。

保存的文件名称一定要唯一标识。和计划单的命名有所不同，计划排布结果的名称除了要包含计划单号外，还应该包含计划排布的时间。

7.3 生产计划排布系统

前面介绍了变形铝合金和铸造铝合金生产计划的数学模型以及算法流程。根据以上数学模型，作者自主开发了一套适合于铝合金行业的生产计划排布系统——Production Plan Report（以下简称 PPR），图 7.9 所示为该系统的工作流程示意图。

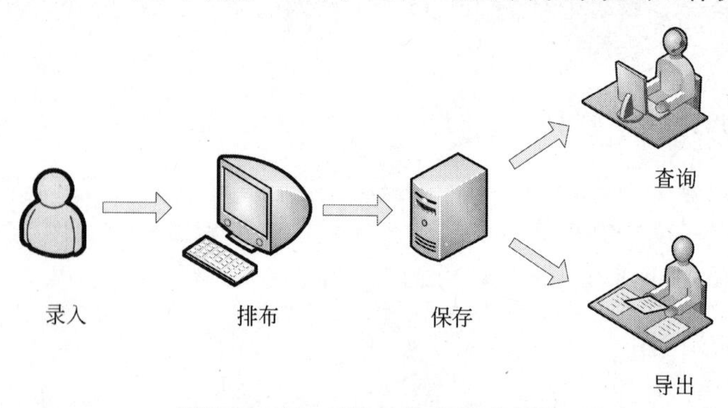

图 7.9 PPR 系统工作流程示意图

7.3.1 系统简介

7.3.1.1 适用范围

该系统适用于铝合金板锭、实心圆锭、空心圆锭生产计划的排布。

7.3.1.2 软件支持

支持 Windows 系列操作系统。

7.3.1.3 软件功能

软件主要功能有：

（1）生产计划的自动排布：单台炉子的计划排布，两台炉子间的组合优化排布，单张计划单的组合优化排布，多张计划单的组合优化排布。

（2）生产计划单的保存和查询。

（3）生产计划的保存和查询。

7.3.2 板锭生产计划排布实例

7.3.2.1 单台炉子的计划排布

以表 7.10 所示的计划单为例，这是一张典型的多规格少品种的生产计划单，可以看到其规格是相当的复杂。下面采用 PPR 系统把该计划排布到 2 号炉中。

表 7.10 某板锭生产计划单

序号	合金	规格及根数	序号	合金	规格及根数
1	6061	400 × 1320 × 2050 = 4	13	6061	400 × 1620 × 2000 = 1
2	6061	400 × 1320 × 2300 = 2	14	6061	400 × 1620 × 2100 = 1
3	6061	400 × 1320 × 2400 = 2	15	6061	400 × 1620 × 2150 = 1
4	6061	400 × 1320 × 2500 = 4	16	6061	400 × 1620 × 2600 = 1
5	6061	400 × 1320 × 2600 = 1	17	6061	400 × 1620 × 2800 = 1
6	6061	400 × 1320 × 2800 = 1	18	6061	400 × 1620 × 2850 = 1
7	6061	400 × 1320 × 2950 = 1	19	6061	400 × 1620 × 2900 = 1
8	6061	400 × 1320 × 3000 = 4	20	6061	400 × 1620 × 3200 = 1
9	6061	400 × 1320 × 3200 = 1	21	6061	400 × 1620 × 3500 = 1
10	6061	400 × 1320 × 3500 = 2	22	6061	510 × 1380 × 3600 = 1
11	6061	400 × 1320 × 4000 = 1	23	6061	510 × 1450 × 2500 = 13
12	6061	400 × 1620 × 1800 = 2	24	6061	510 × 1450 × 2450 = 2

首先，调用 PPR 控制面板中事先设置好的 2 号炉的参数，如图 7.10 所示。

然后，把计划单中的具体计划录入系统中（如果是标准格式的计划单电子表格，可以直接导入进系统）。

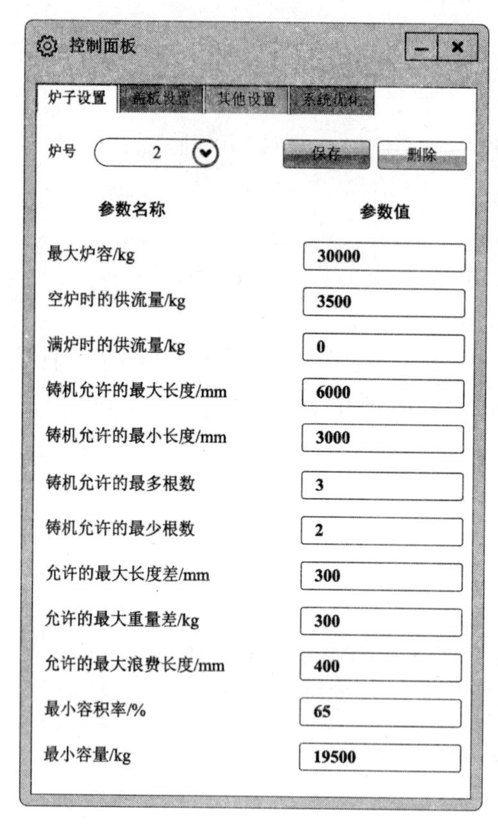

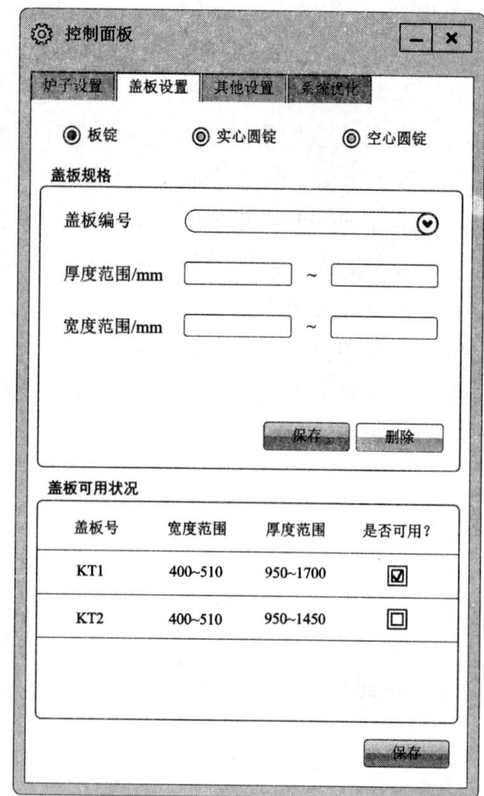

图 7.10 PPR 系统控制面板

（a）炉子参数；（b）盖板参数

最后，进行计划的自动排布，其自动排布结果见表7.11，返回的奇异数据见表7.12。

表 7.11 PPR 系统排布结果

合金	熔次号	铸造计划	加工计划	投料量/kg
6061	2 - 2300	510 × 1450 × 5300 = 2 400 × 1320 × 5300 = 1	510: 2500 = 4 400: 2950 = 1，2050 = 1	28700
6061	2 - 2301	510 × 1450 × 5300 = 2 400 × 1320 × 5300 = 1	510: 2500 = 4 400: 2600 = 1，2400 = 1	28700
6061	2 - 2302	510 × 1450 × 5300 = 2 400 × 1320 × 5300 = 1	510: 2500 = 4 400: 2500 = 2	28700
6061	2 - 2303	510 × 1450 × 5250 = 1 400 × 1320 × 5250 = 2	510: 2500 = 1，2450 = 1 400: 2500 = 2，2300 = 2	25700

续表 7.11

合金	熔次号	铸造计划	加工计划	投料量/kg
6061	2-2304	400×1620×6000=2 400×1620×2100=1	2900=1，2800=1，3500=1，2150=1 1800=1	24900
6061	2-2305	400×1620×5750=2 400×1620×4100=1	2850=1，2600=1，3200=1，2100=1 2000=1，1800=1	27700
6061	2-2306	400×1320×5900=3 400×1320×2350=1	3200=1，2400=1，3500=2，2050=2 2050=1	29200
6061	2-2307	510×1450×2750=1 400×1320×3300=3	510:2450=1 400:3000=3	19800

表 7.12 返回的奇异数据

序　号	合　金	规格及根数
1	6061	510×1380×3600=1
2	6061	400×1320×4000=1
3	6061	400×1320×3000=1
4	6061	400×1320×2800=2

7.3.2.2 两台炉子的计划排布

仍然以表 7.10 所示的计划单为例，同时对 1 号和 2 号炉进行计划排布。PPR 系统的自动排布结果见表 7.13、表 7.14，没有奇异数据返回，计划刚好全部排完。

表 7.13 2 号炉的 PPR 系统排布结果

合金	熔次号	铸造计划	加工计划	投料量/kg
6061	2-2300	510×1450×5300=2	2500=4	21000
6061	2-2301	510×1450×5300=2 510×1450×2750=1	2500=4 2450=1	26400
6061	2-2302	400×1620×6000=2	2900=1，2800=1，3500=1，2150=1	21200
6061	2-2303	400×1620×5750=2 400×1320×3100=1	2850=1，2600=1，3200=1，2100=1 2800=1	24900
6061	2-2304	400×1320×5800=3 400×1320×3250=1	3000=3，2600=1，2500=2 2950=1	30000

表 7.14 1 号炉的 PPR 系统排布结果

合金	熔次号	铸造计划	加工计划	投料量/kg
6061	1 - 1314	510 × 1450 × 5300 = 2	2500 = 4	21000
6061	1 - 1315	510 × 1450 × 5250 = 1 400 × 1320 × 5250 = 2	510: 2500 = 1，2450 = 1 400: 2500 = 2，2400 = 2	25700
6061	1 - 1316	510 × 1380 × 3900 = 1 400 × 1320 × 3900 = 2	510: 3600 = 1 400: 3500 = 2	18900
6061	1 - 1317	400 × 1620 × 4400 = 1 400 × 1320 × 4400 = 2 400 × 1620 × 2100 = 1	1620: 2000 = 1，1800 = 1 1320: 2050 = 4 1800 = 1	24300
6061	1 - 1318	400 × 1320 × 5800 = 2 400 × 1320 × 4300 = 1	2300 = 2，3200 = 1，3000 = 1 4000 = 1	23200

最后，把两台炉子的计划按照时间顺序并排到一起，如图 7.11 所示（图中省略了加工计划、配料量等）。从图 7.11 中可以直观地看到采用 PPR 系统的 ComOptimization 算法，能够使结晶器、盖板及底座的更换次数总是尽可能地最少，并且总是先生产较大的规格后生产较小的规格。整个排布过程严格的遵循最优化组合原则。

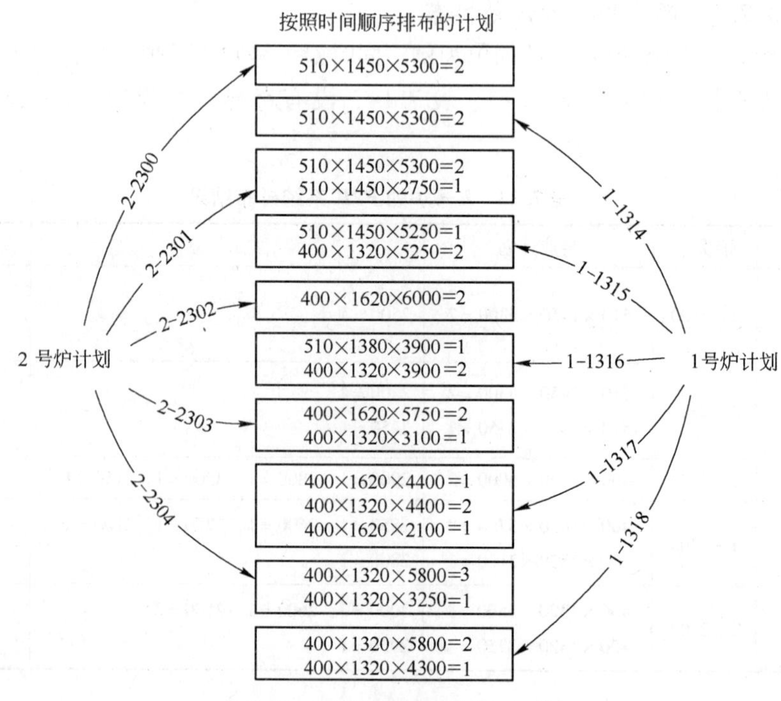

图 7.11 两台炉子的计划排布情况

7.3.3　圆锭生产计划排布实例

以表7.15所示的计划单为例，对3号炉进行计划排布。

表7.15　某圆锭生产计划单

序　号	合　金	规格及根数
1	6005	ϕ250×990=410
2	6005	ϕ162×900=280
3	6005	ϕ520/200×450=160

和板锭一样需要设置相关炉子和盖板的参数，另外还需打开圆锭的智能控制面板设置好相关参数，如图7.12所示。

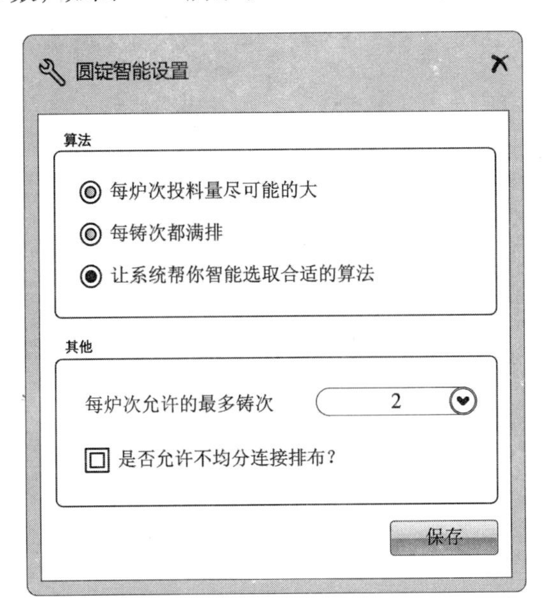

图7.12　圆锭智能控制面板

PPR系统的自动排布结果见表7.16，没有奇异数据返回，计划全部排完。

表7.16　PPR系统排布结果

合金	熔次号	铸造计划	加工计划	投料量/kg
6005	3-517	ϕ250×5150×16=1 ϕ250×5150×12=1	ϕ250×990=5（合计140根）	19600
6005	3-518	ϕ250×5150×16=1 ϕ250×5150×12=1	ϕ250×990=5（合计140根）	19600

续表 7.16

合金	熔次号	铸造计划	加工计划	投料量/kg
6005	3－519	$\phi250\times5150\times16=1$ $\phi250\times5150\times10=1$	$\phi250\times990=5$（合计 130 根）	18200
6005	3－520	$\phi162\times4700\times28=2$	$\phi162\times900=5$（合计 280 根）	15000
6005	3－521	$\phi520/200\times4700\times8=1$	$\phi520/200\times450=10$（合计 80 根）	18800
6005	3－522	$\phi520/200\times4700\times8=1$	$\phi520/200\times450=10$（合计 80 根）	18800

附　　录

附录1　中国变形铝及其化学成分表（GB/T 3190—2008）

附表1　中国变形铝及其化学成分表（一）

序号	牌号	化学成分（质量分数）/%														备注
		Si	Fe	Cu	Mn	Mg	Cr	Ni	Zn		Ti	Zr	其他		Al	
													单个	合计		
1	1035	0.35	0.6	0.10	0.05	0.05	—	—	0.10	0.05V	0.03	—	0.03	—	99.35	
2	1040	0.30	0.50	0.10	0.05	0.05	—	—	0.10	0.05V	0.03	—	0.03	—	99.40	
3	1045	0.30	0.45	0.10	0.05	0.05	—	—	0.05	0.05V	0.03	—	0.03	—	99.45	
4	1050	0.25	0.40	0.05	0.05	0.05	—	—	0.05	0.05V	0.03	—	0.03	—	99.50	
5	1050A	0.25	0.40	0.05	0.05	0.05	—	—	0.07	—	0.05	—	0.03	—	99.50	
6	1060	0.25	0.35	0.05	0.03	0.03	—	—	0.05	0.05V	0.03	—	0.03	—	99.60	
7	1065	0.25	0.30	0.05	0.03	0.03	—	—	0.05	0.05V	0.03	—	0.03	—	99.65	
8	1070	0.20	0.25	0.04	0.03	0.03	—	—	0.04	0.05V	0.03	—	0.03	—	99.70	
9	1070A	0.20	0.25	0.03	0.03	0.03	—	—	0.07	—	0.03	—	0.03	—	99.70	
10	1080	0.15	0.15	0.03	0.02	0.02	—	—	0.03	0.03Ga，0.05V	0.03	—	0.02	—	99.80	
11	1080A	0.15	0.15	0.03	0.02	0.02	—	—	0.06	0.03Ga①	0.02	—	0.02	—	99.80	
12	1085	0.10	0.12	0.03	0.02	0.02	—	—	0.03	0.03Ga，0.05V	0.02	—	0.01	—	99.85	
13	1100	0.95Si + Fe		0.05～0.20	0.05	—	—	—	0.10	①	—	—	0.05	0.15	99.00	
14	1200	1.00Si + Fe		0.05	0.05	—	—	—	0.10	—	0.05	—	0.05	0.15	99.00	

续附表 1

序号	牌号	化学成分（质量分数）/%														备注
		Si	Fe	Cu	Mn	Mg	Cr	Ni	Zn		Ti	Zr	其他		Al	
													单个	合计		
15	1200A	1.00Si + Fe		0.10	0.30	0.30	0.10	—	0.10	—	—	—	0.05	0.15	99.00	
16	1120	0.10	0.40	0.05 ~ 0.35	0.01	0.20	0.01	—	0.05	0.03Ga，0.05B，0.02V + Ti	—	—	0.03	0.10	99.20	
17	1230②	0.70Si + Fe		0.10	0.05	0.05	—	—	0.10	0.05V	0.03	—	0.03	—	99.30	
18	1235	0.65Si + Fe		0.05	0.05	0.05	—	—	0.10	0.05V	0.06	—	0.03	—	99.35	
19	1435	0.15	0.30 ~ 0.50	0.02	0.05	0.05	—	—	0.10	0.05V	0.03	—	0.03	—	99.35	
20	1145	0.55Si + Fe		0.05	0.05	0.05	—	—	0.05	0.05V	0.03	—	0.03	—	99.45	
21	1345	0.30	0.40	0.10	0.05	0.05	—	—	0.05	0.05V	0.03	—	0.03	—	99.45	
22	1350	0.10	0.40	0.05	0.01	—	0.01	—	0.05	0.03Ga，0.05B，0.02V + Ti	—	—	0.03	0.10	99.50	
23	1450	0.25	0.40	0.05	0.05	0.05	—	—	0.07	①	0.10 ~ 0.20	—	0.03	—	99.50	
24	1260	0.40Si + Fe		0.04	0.01	0.03	—		0.05	0.05V①	0.03	—	0.03	—	99.60	
25	1370	0.10	0.25	0.02	0.01	0.02	0.01	—	0.04	0.03Ga，0.02B，0.02V + Ti	—	—	0.02	0.10	99.70	
26	1275	0.08	0.12	0.05 ~ 0.10	0.02	0.02	—	—	0.03	0.03Ga，0.03V	0.02	—	0.01	—	99.75	
27	1185	0.15Si + Fe		0.01	0.02	0.02	—	—	0.03	0.03Ga，0.05V	0.02	—	0.01	—	99.85	
28	1285	0.08③	0.08③	0.02	0.01	0.01	—	—	0.03	0.03Ga，0.05V	0.02	—	0.01	—	99.85	
29	1385	0.05	0.12	0.02	0.01	0.02	0.01	—	0.03	0.03Ga，0.03V + Ti④	—	—	0.01	—	99.85	
30	2004	0.20	0.20	5.5 ~ 6.5	0.10	0.50	—	—	0.10	—	0.05	0.30 ~ 0.50	0.05	0.15	余量	
31	2011	0.40	0.7	5.0 ~ 6.0	—	—	—	—	0.30	⑤	—	—	0.05	0.15	余量	
32	2014	0.50 ~ 1.2	0.7	3.9 ~ 5.0	0.40 ~ 1.2	0.20 ~ 0.8	0.10	—	0.25	⑥	0.15	—	0.05	0.15	余量	
33	2014A	0.50 ~ 0.9	0.50	3.9 ~ 5.0	0.40 ~ 1.2	0.20 ~ 0.8	0.10	0.10	0.25	—	0.15	0.20Zr + Ti	0.05	0.15	余量	

续附表1

序号	牌号	化学成分（质量分数）/%													备注
		Si	Fe	Cu	Mn	Mg	Cr	Ni	Zn		Ti	Zr	其他		Al	
													单个	合计		
34	2214	0.50~1.2	0.30	3.9~5.0	0.40~1.2	0.20~0.8	0.10	—	0.25	⑥	0.15		0.05	0.15	余量	
35	2017	0.20~0.8	0.7	3.5~4.5	0.40~1.0	0.40~0.8	0.10	—	0.25	⑥	0.15	—	0.05	0.15	余量	
36	2017A	0.20~0.8	0.7	3.5~4.5	0.40~1.0	0.40~1.0	0.10	—	0.25	—	—	0.25Zr+Ti	0.05	0.15	余量	
37	2117	0.8	0.7	2.2~3.0	0.20	0.20~0.50	0.10	—	0.25	—	—	—	0.05	0.15	余量	
38	2218	0.9	1.0	3.5~4.5	0.20	1.2~1.8	0.10	1.7~2.3	0.25	—	—	—	0.05	0.15	余量	
39	2618	0.10~0.25	0.9~1.3	1.9~2.7	—	1.3~1.8	—	0.9~1.2	0.10	—	0.04~0.10	—	0.05	0.15	余量	
40	2618A	0.15~0.25	0.9~1.4	1.8~2.7	0.25	1.2~1.8	—	0.8~1.4	0.15	—	0.20	0.25 Zr+Ti	0.05	0.15	余量	
41	2219	0.20	0.30	5.8~6.8	0.20~0.40	0.02	—	—	0.10	0.05~0.15V	0.02~0.10	0.10~0.25	0.05	0.15	余量	
42	2519	0.25⑦	0.30⑦	5.3~6.4	0.10~0.50	0.05~0.40	—	—	0.10	0.05~0.15V	0.02~0.10	0.10~0.25	0.05	0.15	余量	
43	2024	0.50	0.50	3.8~4.9	0.30~0.9	1.2~1.8	0.10	—	0.25	⑥	0.15	—	0.05	0.15	余量	
44	2024A	0.15	0.20	3.7~4.5	0.15~0.8	1.2~1.5	0.10	—	0.25	—	0.15	—	0.05	0.15	余量	
45	2124	0.20	0.30	3.8~4.9	0.30~0.9	1.2~1.8	0.10	—	0.25	⑥	0.15	—	0.05	0.15	余量	
46	2324	0.10	0.12	3.8~4.4	0.30~0.9	1.2~1.8	0.10	—	0.25	—	0.15	—	0.05	0.15	余量	
47	2524	0.06	0.12	4.0~4.5	0.45~0.7	1.2~1.6	0.05	—	0.15	—	0.10	—	0.05	0.15	余量	
48	3002	0.08	0.10	0.15	0.05~0.25	0.05~0.20	—	—	0.05	0.05V	0.03	—	0.03	0.10	余量	
49	3102	0.40	0.7	0.10	0.05~0.40	—	—	—	0.30	—	0.10	—	0.05	0.15	余量	
50	3003	0.6	0.7	0.05~0.20	1.0~1.5	—	—	—	0.10	—	—	—	0.05	0.15	余量	
51	3103	0.50	0.7	0.10	0.9~1.5	0.30	0.10		0.20	①	—	0.10 Zr+Ti	0.05	0.15	余量	
52	3103A	0.50	0.7	0.10	0.7~1.4	0.30	0.10	—	0.20	—	0.10	0.10 Zr+Ti	0.05	0.15	余量	
53	3203	0.6	0.7	0.05	1.0~1.5	—	—	—	0.10	①	—	—	0.05	0.15	余量	
54	3004	0.30	0.7	0.25	1.0~1.5	0.8~1.3	—	—	0.25	—	—	—	0.05	0.15	余量	
55	3004A	0.40	0.7	0.25	0.8~1.5	0.8~1.5	0.10	—	0.25	0.03Pb	0.05	—	0.05	0.15	余量	

续附表 1

序号	牌号	化学成分（质量分数）/%											其他			备注
		Si	Fe	Cu	Mn	Mg	Cr	Ni	Zn		Ti	Zr	单个	合计	Al	
56	3104	0.6	0.8	0.05~0.25	0.8~1.4	0.8~1.3	—	—	0.25	0.05Ga，0.05V	0.10	—	0.05	0.15	余量	
57	3204	0.30	0.7	0.10~0.25	0.8~1.5	0.8~1.5	—	—	0.25	—	—	—	0.05	0.15	余量	
58	3005	0.6	0.7	0.30	1.0~1.5	0.20~0.6	0.10	—	0.25	—	0.10	—	0.05	0.15	余量	
59	3105	0.6	0.7	0.30	0.30~0.8	0.20~0.8	0.20		0.40	—	0.10	—	0.05	0.15	余量	
60	3105A	0.6	0.7	0.30	0.30~0.8	0.20~0.8	0.20	—	0.25	—	0.10	—	0.05	0.15	余量	
61	3006	0.50	0.7	0.10~0.30	0.50~0.8	0.30~0.6	0.20	—	0.15~0.40	—	0.10	—	0.05	0.15	余量	
62	3007	0.50	0.7	0.05~0.30	0.30~0.8	0.60	0.20	—	0.40	—	0.10	—	0.05	0.15	余量	
63	3107	0.6	0.7	0.05~0.15	0.40~0.9	—	—	—	0.20	—	0.10	—	0.05	0.15	余量	
64	3207	0.30	0.45	0.10	0.40~0.8	0.10	—	—	0.10	—	—	—	0.05	0.10	余量	
65	3207A	0.35	0.6	0.25	0.30~0.8	0.40	0.20	—	0.25	—	—	—	0.05	0.15	余量	
66	3307	0.6	0.8	0.30	0.50~0.9	0.30	0.20	—	0.40	—	0.10	—	0.05	0.15	余量	
67	4004②	9.0~10.5	0.8	0.25	0.10	1.0~2.0	—	—	0.20	—		—	0.05	0.15	余量	
68	4032	11.0~13.5	1.0	0.50~1.3	—	0.8~1.3	0.10	0.50~1.3	0.25	—	—	—	0.05	0.15	余量	
69	4043	4.5~6.0	0.8	0.30	0.05	0.05	—	—	0.10	①	0.20	—	0.05	0.15	余量	
70	4043A	4.5~6.0	0.6	0.30	0.15	0.20	—	—	0.10	①	0.15	—	0.05	0.15	余量	
71	4343	6.8~8.2	0.8	0.25	0.10	—	—	—	0.20	—	—	—	0.05	0.15	余量	
72	4045	9.0~11.0	0.8	0.30	0.05	0.05	—	—	0.10	—	0.20	—	0.05	0.15	余量	
73	4047	11.0~13.0	0.8	0.30	0.15	0.10	—	—	0.20	①	—	—	0.05	0.15	余量	
74	4047A	11.0~13.0	0.6	0.30	0.15	0.10	—	—	0.20	①	0.15	—	0.05	0.15	余量	
75	5005	0.30	0.7	0.20	0.20	0.50~1.1	0.10	—	0.25	—	—	—	0.05	0.15	余量	
76	5005A	0.30	0.45	0.05	0.15	0.7~1.1	0.10	—	0.20	—	—	—	0.05	0.15	余量	
77	5205	0.15	0.7	0.03~0.10	0.10	0.6~1.0	0.10	—	0.05	—	—	—	0.05	0.15	余量	

续附表1

序号	牌号	化学成分（质量分数）/%														备注
		Si	Fe	Cu	Mn	Mg	Cr	Ni	Zn		Ti	Zr	其他		Al	
													单个	合计		
78	5006	0.40	0.8	0.10	0.40~0.8	0.8~1.3	0.10	—	0.25	—	0.10	—	0.05	0.15	余量	
79	5010	0.40	0.7	0.25	0.10~0.30	0.20~0.6	0.15	—	0.30	—	0.10	—	0.05	0.15	余量	
80	5019	0.40	0.50	0.10	0.10~0.6	4.5~5.6	0.20	—	0.20	0.10~0.6 Mn+Cr	0.20	—	0.05	0.15	余量	
81	5049	0.40	0.50	0.10	0.50~1.1	1.6~2.5	0.30	—	0.20	—	0.10	—	0.05	0.15	余量	
82	5050	0.40	0.7	0.20	0.10	1.1~1.8	0.10	—	0.25	—	—	—	0.05	0.15	余量	
83	5050A	0.40	0.7	0.20	0.30	1.1~1.8	0.10	—	0.25	—	—	—	0.05	0.15	余量	
84	5150	0.08	0.10	0.10	0.03	1.3~1.7	—	—	0.10	—	0.06	—	0.03	0.10	余量	
85	5250	0.08	0.10	0.10	0.04~0.15	1.3~1.8	—	—	0.05	0.03Ga，0.05V	—	—	0.03	0.10	余量	
86	5051	0.40	0.7	0.25	0.20	1.7~2.2	0.10	—	0.25	—	0.10	—	0.05	0.15	余量	
87	5251	0.40	0.50	0.15	0.10~0.50	1.7~2.4	0.15	—	0.15	—	0.15	—	0.05	0.15	余量	
88	5052	0.25	0.40	0.10	0.10	2.2~2.8	0.15~0.35	—	0.10	—	—	—	0.05	0.15	余量	
89	5154	0.25	0.40	0.10	0.10	3.1~3.9	0.15~0.35	—	0.20	①	0.20	—	0.05	0.15	余量	
90	5154A	0.50	0.50	0.10	0.50	3.1~3.9	0.25	—	0.20	0.10~0.50 Mn+Cr①	0.20	—	0.05	0.15	余量	
91	5454	0.25	0.40	0.10	0.50~1.0	2.4~3.0	0.05~0.20	—	0.25	—	0.20	—	0.05	0.15	余量	
92	5554	0.25	0.40	0.10	0.50~1.0	2.4~3.0	0.05~0.20	—	0.25	①	0.05~0.20	—	0.05	0.15	余量	
93	5754	0.40	0.40	0.10	0.50	2.6~3.6	0.30	—	0.20	0.10~0.6 Mn+Cr	0.15	—	0.05	0.15	余量	
94	5056	0.30	0.40	0.10	0.05~0.20	4.5~5.6	0.05~0.20	—	0.10	—	—	—	0.05	0.15	余量	
95	5356	0.25	0.40	0.10	0.05~0.20	4.5~5.5	0.05~0.20	—	0.10	①	0.06~0.20	—	0.05	0.15	余量	
96	5456	0.25	0.40	0.10	0.50~1.0	4.7~5.5	0.05~0.20	—	0.25	—	0.20	—	0.05	0.15	余量	
97	5059	0.45	0.50	0.25	0.6~1.2	5.0~6.0	0.25	—	0.40~0.9	—	0.20	0.05~0.25	0.05	0.15	余量	
98	5082	0.20	0.35	0.15	0.15	4.0~5.0	0.15	—	0.25	—	0.10	—	0.05	0.15	余量	
99	5182	0.20	0.35	0.15	0.20~0.50	4.0~5.0	0.10	—	0.25	—	0.10	—	0.05	0.15	余量	

续附表 1

序号	牌号	化学成分（质量分数）/%														备注
		Si	Fe	Cu	Mn	Mg	Cr	Ni	Zn		Ti	Zr	其他		Al	
													单个	合计		
100	5083	0.40	0.40	0.10	0.40~1.0	4.0~4.9	0.05~0.25	—	0.25	—	0.15	—	0.05	0.15	余量	
101	5183	0.40	0.40	0.10	0.50~1.0	4.3~5.2	0.05~0.25	—	0.25	①	0.15	—	0.05	0.15	余量	
102	5383	0.25	0.25	0.20	0.7~1.0	4.0~5.2	0.25	—	0.40	—	0.15	0.20	0.05	0.15	余量	
103	5086	0.40	0.50	0.10	0.20~0.7	3.5~4.5	0.05~0.25	—	0.25	—	0.15	—	0.05	0.15	余量	
104	6101	0.30~0.7	0.50	0.10	0.03	0.35~0.8	0.03	—	0.10	0.06B	—	—	0.03	0.10	余量	
105	6101A	0.30~0.7	0.40	0.05	—	0.40~0.9	—	—	—	—	—	—	0.03	0.10	余量	
106	6101B	0.30~0.6	0.10~0.30	0.05	0.05	0.35~0.6	—	—	0.10	—	—	—	0.03	0.10	余量	
107	6201	0.50~0.9	0.50	0.10	0.03	0.6~0.9	0.03	—	0.10	0.06B	—	—	0.03	0.10	余量	
108	6005	0.6~0.9	0.35	0.10	0.10	0.40~0.6	0.10	—	0.10	—	0.10	—	0.05	0.15	余量	
109	6005A	0.50~0.9	0.35	0.30	0.50	0.40~0.7	0.30	—	0.20	0.12~0.50 Mn+Cr	0.10	—	0.05	0.15	余量	
110	6105	0.6~1.0	0.35	0.10	0.15	0.45~0.8	0.10	—	0.10	—	0.10	—	0.05	0.15	余量	
111	6106	0.30~0.6	0.35	0.25	0.05~0.20	0.40~0.8	0.20	—	0.10	—	—	—	0.05	0.10	余量	
112	6009	0.6~1.0	0.50	0.15~0.6	0.20~0.8	0.40~0.8	0.10	—	0.25	—	0.10	—	0.05	0.15	余量	
113	6010	0.8~1.2	0.50	0.15~0.6	0.20~0.8	0.6~1.0	0.10	—	0.25	—	0.10	—	0.05	0.15	余量	
114	6111	0.6~1.1	0.40	0.50~0.9	0.10~0.45	0.50~1.0	0.10	—	0.15	—	0.10	—	0.05	0.15	余量	
115	6016	1.0~1.5	0.50	0.20	0.20	0.25~0.6	0.10	—	0.20	—	0.15	—	0.05	0.15	余量	
116	6043	0.40~0.9	0.50	0.30~0.9	0.35	0.6~1.2	0.15	—	0.20	0.40~0.7 Bi, 0.20~0.40 Sn	0.15	—	0.05	0.15	余量	
117	6351	0.7~1.3	0.50	0.10	0.40~0.8	0.40~0.8	—	—	0.20	—	0.20	—	0.05	0.15	余量	
118	6060	0.30~0.6	0.10~0.30	0.10	0.10	0.35~0.6	0.05	—	0.15	—	0.10	—	0.05	0.15	余量	
119	6061	0.40~0.8	0.7	0.15~0.40	0.15	0.8~1.2	0.04~0.35	—	0.25	—	0.15	—	0.05	0.15	余量	
120	6061A	0.40~0.8	0.7	0.15~0.40	0.15	0.8~1.2	0.04~0.35	—	0.25	⑧	0.15	—	0.05	0.15	余量	
121	6262	0.40~0.8	0.7	0.15~0.40	0.15	0.8~1.2	0.04~0.14	—	0.25	⑨	0.15	—	0.05	0.15	余量	
122	6063	0.20~0.6	0.35	0.10	0.10	0.45~0.9	0.10	—	0.10	—	0.10	—	0.05	0.15	余量	
123	6063A	0.30~0.6	0.15~0.35	0.10	0.15	0.6~0.9	0.05	—	0.15	—	0.10	—	0.05	0.15	余量	

续附表1

序号	牌号	化学成分（质量分数）/%														备注
		Si	Fe	Cu	Mn	Mg	Cr	Ni	Zn		Ti	Zr	其他		Al	
													单个	合计		
124	6463	0.20~0.6	0.15	0.20	0.05	0.45~0.9	—	—	0.05	—	—	—	0.05	0.15	余量	
125	6463A	0.20~0.6	0.15	0.25	0.05	0.30~0.9	—	—	0.05	—	—	—	0.05	0.15	余量	
126	6070	1.0~1.7	0.50	0.15~0.40	0.40~1.0	0.50~1.2	0.10	—	0.25	—	0.15	—	0.05	0.15	余量	
127	6181	0.8~1.2	0.45	0.10	0.15	0.6~1.0	0.10	—	0.20	—	0.10	—	0.05	0.15	余量	
128	6181A	0.7~1.1	0.15~0.50	0.25	0.40	0.6~1.0	0.15	—	0.30	0.10V	0.25	—	0.05	0.15	余量	
129	6082	0.7~1.3	0.50	0.10	0.40~1.0	0.6~1.2	0.25	—	0.20	—	0.10	—	0.05	0.15	余量	
130	6082A	0.7~1.3	0.50	0.10	0.40~1.0	0.6~1.2	0.25	—	0.20	⑧	0.10	—	0.05	0.15	余量	
131	7001	0.35	0.40	1.6~2.6	0.20	2.6~3.4	0.18~0.35	—	6.8~8.0	—	0.20	—	0.05	0.15	余量	
132	7003	0.30	0.35	0.20	0.30	0.50~1.0	0.20	—	5.0~6.5	—	0.20	0.05~0.25	0.05	0.15	余量	
133	7004	0.25	0.35	0.05	0.20~0.7	1.0~2.0	0.05	—	3.8~4.6	—	0.05	0.10~0.20	0.05	0.15	余量	
134	7005	0.35	0.40	0.10	0.20~0.7	1.0~1.8	0.06~0.20	—	4.0~5.0	—	0.01~0.06	0.08~0.20	0.05	0.15	余量	
135	7020	0.35	0.40	0.20	0.05~0.50	1.0~1.4	0.10~0.35	—	4.0~5.0	⑩	—	—	0.05	0.15	余量	
136	7021	0.25	0.40	0.25	0.10	1.2~1.8	0.05	—	5.0~6.0	—	0.10	0.08~0.18	0.05	0.15	余量	
137	7022	0.50	0.50	0.50~1.0	0.10~0.40	2.6~3.7	0.10~0.30	—	4.3~5.2	—	—	0.20 Ti+Zr	0.05	0.15	余量	
138	7039	0.30	0.40	0.10	0.10~0.40	2.3~3.3	0.15~0.25	—	3.5~4.5	—	0.10	—	0.05	0.15	余量	
139	7049	0.25	0.35	1.2~1.9	0.20	2.0~2.9	0.10~0.22	—	7.2~8.2		0.10	—	0.05	0.15	余量	
140	7049A	0.40	0.50	1.2~1.9	0.50	2.1~3.1	0.05~0.25	—	7.2~8.4	—	—	0.25Zr+Ti	0.05	0.15	余量	
141	7050	0.12	0.15	2.0~2.6	0.10	1.9~2.6	0.04	—	5.7~6.7	—	0.06	0.08~0.15	0.05	0.15	余量	
142	7150	0.12	0.15	1.9~2.5	0.10	2.0~2.7	0.04	—	5.9~6.9	—	0.06	0.08~0.15	0.05	0.15	余量	
143	7055	0.10	0.15	2.0~2.6	0.05	1.8~2.3	0.04	—	7.6~8.4	—	0.06	0.08~0.25	0.05	0.15	余量	
144	7072②	0.7Si+Fe		0.10	0.10	0.10	—	—	0.8~1.3	—	—	—	0.05	0.15	余量	
145	7075	0.40	0.50	1.2~2.0	0.30	2.1~2.9	0.18~0.28	—	5.1~6.1	⑪	0.20	—	0.05	0.15	余量	
146	7175	0.15	0.20	1.2~2.0	0.10	2.1~2.9	0.18~0.28	—	5.1~6.1	—	0.10	—	0.05	0.15	余量	
147	7475	0.10	0.12	1.2~1.9	0.06	1.9~2.6	0.18~0.25	—	5.2~6.2	—	0,06	—	0.05	0.15	余量	

续附表 1

序号	牌号	化学成分（质量分数）/%														备注
		Si	Fe	Cu	Mn	Mg	Cr	Ni	Zn		Ti	Zr	其他		Al	
													单个	合计		
148	7085	0.06	0.08	1.3~2.0	0.04	1.2~1.8	0.04	—	7.0~8.0	—	0.06	0.08~0.15	0.05	0.15	余量	
149	8001	0.17	0.45~0.7	0.15	—	—	—	0.9~1.3	0.05	⑫	—	—	0.05	0.15	余量	
150	8006	0.40	1.2~2.0	0.30	0.30~1.0	0.10	—	—	0.10	—	—	—	0.05	0.15	余量	
151	8011	0.50~0.9	0.6~1.0	0.10	0.20	0.05	0.05	—	0.10	—	0.08	—	0.05	0.15	余量	
152	8011A	0.40~0.8	0.50~1.0	0.10	0.10	0.10	0.10	—	0.10	—	0.05	—	0.05	0.15	余量	
153	8014	0.30	1.2~1.6	0.20	0.20~0.6	0.10	—	—	0.10	—	0.10	—	0.05	0.15	余量	
154	8021	0.15	1.2~1.7	0.05	—	—	—	—	—	—	—	—	0.05	0.15	余量	
155	8021B	0.40	1.1~1.7	0.05	0.03	0.01	0.03	—	0.05	—	0.05	—	0.03	0.10	余量	
156	8050	0.15~0.30	1.1~1.2	0.05	0.45~0.55	0.05	0.05	—	0.10	—	—	—	0.05	0.15	余量	
157	8150	0.30	0.9~1.3	—	0.20~0.7	—	—	—	—	—	0.05	—	0.05	0.15	余量	
158	8079	0.05~0.30	0.7~1.3	0.05	—	—	—	—	0.10	—	—	—	0.05	0.15	余量	
159	8090	0.20	0.30	1.0~1.6	0.10	0.6~1.3	0.10	—	0.25	⑬	0.10	0.04~0.16	0.05	0.15	余量	

①焊接电极及填料焊丝的 ω(Be)≤0.0003%；

②主要用作包覆材料；

③ω(Si+Fe) ≤0.14%；

④ω(B) ≤0.02%；

⑤ω(Bi)：0.20%~0.6%，ω(Pb)：0.20%~0.6%；

⑥经供需双方协商并同意，挤压产品与锻件的 ω(Zr+Ti) 最大可达 0.20%；

⑦ω(Si+Fe) ≤0.40%；

⑧ω(Pb) ≤0.003%；

⑨ω(Bi)：0.40%~0.7%，ω(Pb)：0.40%~0.7%；

⑩ω(Zr)：0.08%~0.20%，ω(Zr+Ti)：0.08%~0.25%；

⑪经供需双方协商并同意，挤压产品和锻件的 ω(Zr+Ti) 最大可达 0.25%；

⑫ω(B) ≤0.001%，ω(Cd) ≤0.003%，ω(Co) ≤0.001%，ω(Li) ≤0.008%；

⑬ω(Li)：2.2%~2.7%。

附表2 中国变形铝及其化学成分表（二）

序号	牌号	化学成分（质量分数）/%														备注
		Si	Fe	Cu	Mn	Mg	Cr	Ni	Zn		Ti	Zr	其他		Al	
													单个	合计		
1	1A99	0.003	0.003	0.005	—	—	—	—	0.001	—	0.002	—	0.002	—	99.99	LG5
2	1B99	0.0013	0.0015	0.0030	—	—	—	—	0.001	—	0.001	—	0.001		99.993	—
3	1C99	0.0010	0.0010	0.0015	—	—	—	—	0.001	—	0.001	—	0.001	—	99.995	—
4	1A97	0.015	0.015	0.005	—	—	—	—	0.001	—	0.002	—	0.005	—	99.97	LG4
5	1B97	0.015	0.030	0.005		—		—	0.001	—	0.005	—	0.005	—	99.97	—
6	1A95	0.030	0.030	0.010	—	—	—	—	0.003	—	0.008	—	0.005	—	99.95	—
7	1B95	0.030	0.040	0.010	—	—	—	—	0.003	—	0.008	—	0.005	—	99.95	—
8	1A93	0.040	0.040	0.010	—	—	—	—	0.005	—	0.010	—	0.007	—	99.93	LG3
9	1B93	0.040	0.050	0.010	—	—	—	—	0.005	—	0.010	—	0.007	—	99.93	—
10	1A90	0.060	0.060	0.010	—	—	—	—	0.008	—	0.015	—	0.01	—	99.90	LG2
11	1B90	0.060	0.060	0.010	—	—	—	—	0.008	—	0.010	—	0.01	—	99.90	—
12	1A85	0.08	0.10	0.01	—	—	—	—	0.01	—	0.01	—	0.01	—	99.85	LG1
13	1A80	0.15	0.15	0.03	0.02	0.02	—		0.03	0.03Ga，0.05V	0.03	—	0.02	—	99.80	—
14	1A80A	0.15	0.15	0.03	0.02	0.02	—	—	0.06	0.03Ga	0.02	—	0.02	—	99.80	—
15	1A60	0.11	0.25	0.01	—	—	—	—		—	0.02V + Ti + Mn + Cr	—	0.03	—	99.60	—
16	1A50	0.30	0.30	0.01	0.05	0.05	—	—	0.03	0.45Fe + Si	—	—	0.03		99.50	LB2
17	1R50	0.11	0.25	0.01	—	—	—	—	—	0.03 ~ 0.30RE	0.02V + Ti + Mn + Cr	—	0.03	—	99.50	—
18	1R35	0.25	0.35	0.05	0.03	0.03	—	—	0.05	0.10 ~ 0.25RE, 0.05V	0.03	—	0.03	—	99.35	—
19	1A30	0.10 ~ 0.20	0.15 ~ 0.30	0.05	0.01	0.01	—	0.01	0.02	—	0.02	—	0.03	—	99.30	L4 - 1
20	1B30	0.05 ~ 0.15	0.20 ~ 0.30	0.03	0.12 ~ 0.18	0.03	—	—	0.03	—	0.02 ~ 0.05	—	0.03	—	99.30	—
21	2A01	0.50	0.50	2.2 ~ 3.0	0.20	0.20 ~ 0.50	—	—	0.10	—	0.15	—	0.05	0.10	余量	LY1
22	2A02	0.30	0.30	2.6 ~ 3.2	0.45 ~ 0.7	2.0 ~ 2.4	—	—	0.10	—	0.15	—	0.05	0.10	余量	LY2

续附表2

序号	牌号	化学成分（质量分数）/%														备注
		Si	Fe	Cu	Mn	Mg	Cr	Ni	Zn		Ti	Zr	其他		Al	
													单个	合计		
23	2A04	0.30	0.30	3.2~3.7	0.50~0.8	2.1~2.6	—	—	0.10	0.001~0.01Be①	0.05~0.40	—	0.05	0.10	余量	LY4
24	2A06	0.50	0.50	3.8~4.3	0.50~1.0	1.7~2.3	—	—	0.10	0.001~0.005Be①	0.03~0.15	—	0.05	0.10	余量	LY6
25	2B06	0.20	0.30	3.8~4.3	0.40~0.9	1.7~2.3	—	—	0.10	0.0002~0.005Be	0.10	—	0.05	0.10	余量	—
26	2A10	0.25	0.20	3.9~4.5	0.30~0.50	0.15~0.30	—	—	0.10	—	0.15	—	0.05	0.10	余量	LY10
27	2A11	0.7	0.7	3.8~4.8	0.40~0.8	0.40~0.8	—	0.10	0.30	0.7Fe+Ni	0.15	—	0.05	0.10	余量	LY11
28	2B11	0.50	0.50	3.8~4.5	0.40~0.8	0.40~0.8	—	—	0.10	—	0.15	—	0.05	0.10	余量	LY8
29	2A12	0.50	0.50	3.8~4.9	0.30~0.9	1.2~1.8	—	0.10	0.30	0.50Fe+Ni	0.15	—	0.05	0.10	余量	LY12
30	2B12	0.50	0.50	3.8~4.5	0.30~0.7	1.2~1.6		—	0.10	—	0.15	—	0.05	0.10	余量	LY9
31	2D12	0.20	0.30	3.8~4.9	0.30~0.9	1.2~1.8	—	0.05	0.10	—	0.10	—	0.05	0.10	余量	—
32	2E12	0.06	0.12	4.0~4.6	0.40~0.7	1.2~1.8	—	—	0.15	0.0002~0.005Be	0.10	—	0.10	0.15	余量	—
33	2A13	0.7	0.6	4.0~5.0	—	0.30~0.50	—	—	0.6	—	0.15	—	0.05	0.10	余量	LY13
34	2A14	0.6~1.2	0.7	3.9~4.8	0.40~1.0	0.40~0.8	—	0.10	0.30	—	0.15	—	0.05	0.10	余量	LD10
35	2A16	0.30	0.30	6.0~7.0	0.40~0.8	0.05	—	—	0.10	—	0.10~0.20	0.20	0.05	0.10	余量	LY16
36	2B16	0.25	0.30	5.8~6.8	0.20~0.40	0.05	—	—	—	0.05~0.15V	0.08~0.20	0.10~0.25	0.05	0.10	余量	LY16-1
37	2A17	0.30	0.30	6.0~7.0	0.40~0.8	0.25~0.45	—	—	0.10	—	0.10~0.20	—	0.05	0.10	余量	LY17
38	2A20	0.20	0.30	5.8~6.8	—	0.02	—	—	0.10	0.05~0.15V， 0.001~0.01B	0.07~0.16	0.10~0.25	0.05	0.15	余量	LY20
39	2A21	0.20	0.20~0.6	3.0~4.0	0.05	0.8~1.2	—	1.8~2.3	0.20	—	0.05	—	0.05	0.15	余量	—
40	2A23	0.05	0.06	1.8~2.8	0.20~0.6	0.6~1.2	—	—	0.15	0.30~0.9Li	0.15	0.06~0.16	0.10	0.15	余量	—
41	2A24	0.20	0.30	3.8~4.8	0.6~0.9	1.2~1.8	0.10	—	0.25	—	0.20Ti+Zr	0.08~0.12	0.05	0.15	余量	—
42	2A25	0.06	0.06	3.6~4.2	0.50~0.7	1.0~1.5	—	0.06	—	—	—	—	0.05	0.10	余量	—
43	2B25	0.05	0.15	3.1~4.0	0.20~0.8	1.2~1.8	—	0.15	0.10	0.0003~0.0008Be	0.03~0.07	0.08~0.25	0.05	0.10	余量	—
44	2A39	0.05	0.06	3.4~5.0	0.30~0.8	0.30~0.8	—	—	0.30	0.30~0.6Ag	0.15	0.10~0.25	0.10	0.15	余量	—
45	2A40	0.25	0.35	4.5~5.2	0.40~0.6	0.50~1.0	0.10~0.20	—	—	—	0.04~0.12	0.10~0.25	0.05	0.15	余量	—

续附表2

序号	牌号	化学成分（质量分数）/%														备注
		Si	Fe	Cu	Mn	Mg	Cr	Ni	Zn		Ti	Zr	其他		Al	
													单个	合计		
46	2A49	0.25	0.8~1.2	3.2~3.8	0.30~0.6	1.8~2.2	—	0.8~1.2	—	—	0.08~0.12	—	0.05	0.15	余量	—
47	2A50	0.7~1.2	0.7	1.8~2.6	0.40~0.8	0.40~0.8	—	0.10	0.30	0.7Fe+Ni	0.15	—	0.05	0.10	余量	LD5
48	2B50	0.7~1.2	0.7	1.8~2.6	0.40~0.8	0.40~0.8	0.01~0.20	0.10	0.30	0.7Fe+Ni	0.02~0.10	—	0.05	0.10	余量	LD6
49	2A70	0.35	0.9~1.5	1.9~2.5	0.20	1.4~1.8	—	0.9~1.5	0.30	—	0.02~0.10	—	0.05	0.10	余量	LD7
50	2B70	0.25	0.9~1.4	1.8~2.7	0.20	1.2~1.8		0.8~1.4	0.15	0.05Pb，0.05Sn	0.10	0.20Ti+Zr	0.05	0.15	余量	—
51	2D70	0.10~0.25	0.9~1.4	2.0~2.6	0.10	1.2~1.8	0.10	0.9~1.4	0.10	—	0.05~0.10	—	0.05	0.10	余量	—
52	2A80	0.50~1.2	1.0~1.6	1.9~2.5	0.20	1.4~1.8	—	0.9~1.5	0.30	—	0.15	—	0.05	0.10	余量	LD8
53	2A90	0.50~1.0	0.50~1.0	3.5~4.5	0.20	0.40~0.8	—	1.8~2.3	0.30	—	0.15	—	0.05	0.10	余量	LD9
54	2A97	0.15	0.15	2.0~3.2	0.20~0.6	0.25~0.50	—	—	0.17~1.0	0.001~0.10Be，0.8~2.3Li	0.001~0.10	0.08~0.20	0.05	0.15	余量	—
55	3A21	0.6	0.7	0.20	1.0~1.6	0.05	—	—	0.10[2]	—	0.15	—	0.05	0.10	余量	LF21
56	4A01	4.5~6.0	0.6	0.20	—	—	—	—	0.10Zn+Sn	—	0.15	—	0.05	0.15	余量	LT1
57	4A11	11.5~13.5	1.0	0.50~1.3	0.20	0.8~1.3	0.10	0.50~1.3	0.25	—	0.15	—	0.05	0.15	余量	LD11
58	4A13	6.8~8.2	0.50	0.15Cu+Zn	0.50	0.05	—	—	—	0.10Ca	0.15	—	0.05	0.15	余量	LT13
59	4A17	11.0~12.5	0.50	0.15Cu+Zn	0.50	0.05	—	—	—	0.10Ca	0.15	—	0.05	0.15	余量	LT17
60	4A91	1.0~4.0	0.7	0.7	1.2	1.0	0.20	0.20	1.2	—	0.20	—	0.05	0.15	余量	—
61	5A01	0.40Si+Fe		0.10	0.30~0.7	6.0~7.0	0.10~0.20	—	0.25	—	0.15	0.10~0.20	0.05	0.15	余量	LF15
62	5A02	0.40	0.40	0.10	或Cr 0.15~0.40	2.0~2.8	—	—	—	0.6Si+Fe	0.15	—	0.05	0.15	余量	LF2
63	5B02	0.40	0.40	0.10	0.20~0.6	1.8~2.6	0.05	—	0.20	—	0.10	—	0.05	0.10	余量	—
64	5A03	0.50~0.8	0.50	0.10	0.30~0.6	3.2~3.8	—	—	0.20	—	0.15	—	0.05	0.10	余量	LF3
65	5A05	0.50	0.50	0.10	0.30~0.6	4.8~5.5	—	—	0.20	—	—	—	0.05	0.10	余量	LF5
66	5B05	0.40	0.40	0.20	0.20~0.6	4.7~5.7	—	—	—	0.6Si+Fe	0.15	—	0.05	0.10	余量	LF10
67	5A06	0.40	0.40	0.10	0.50~0.8	5.8~6.8		—	0.20	0.0001~0.005Be[1]	0.02~0.10	—	0.05	0.10	余量	LF6

续附表 2

序号	牌号	化学成分（质量分数）/%														备注
		Si	Fe	Cu	Mn	Mg	Cr	Ni	Zn		Ti	Zr	其他		Al	
													单个	合计		
68	5B06	0.40	0.40	0.10	0.50~0.8	5.8~6.8	—	—	0.20	0.0001~0.005Be①	0.10~0.30	—	0.05	0.10	余量	LF14
69	5A12	0.30	0.30	0.05	0.40~0.8	8.3~9.6	—	0.10	0.20	0.005Be, 0.004~0.05Sb	0.05~0.15	—	0.05	0.10	余量	LF12
70	5A13	0.30	0.30	0.05	0.40~0.8	9.2~10.5	—	0.10	0.20	0.005Be, 0.004~0.05Sb	0.05~0.15	—	0.05	0.10	余量	LF13
71	5A25	0.20	0.30	—	0.05~0.50	5.0~6.3	—	—	—	0.0002~0.002Be, 0.10~0.40Sc	0.10	0.06~0.20	0.10	0.15	余量	—
72	5A30	0.40Si+Fe		0.10	0.50~1.0	4.7~5.5	—	—	0.25	0.05~0.20 Cr	0.03~0.15	—	0.05	0.10	余量	LF16
73	5A33	0.35	0.35	0.10	0.10	6.0~7.5	—	—	0.50~1.5	0.0005~0.005Be①	0.05~0.15	0.10~0.30	0.05	0.10	余量	LF33
74	5A41	0.40	0.40	0.10	0.30~0.6	6.0~7.0	—	—	0.20	—	0.02~0.10	—	0.05	0.10	余量	LT41
75	5A43	0.40	0.40	0.10	0.15~0.40	0.6~1.4	—	—	—	—	0.15	—	0.05	0.15	余量	LF43
76	5A56	0.15	0.20	0.10	0.30~0.40	5.5~6.5	0.10~0.20	—	0.50~1.0	—	0.10~0.18	—	0.05	0.15	余量	—
77	5A66	0.005	0.01	0.005	—	1.5~2.0	—	—	—	—	—	—	0.005	0.01	余量	LT66
78	5A70	0.15	0.25	0.05	0.30~0.7	5.5~6.3	—	—	0.05	0.15~0.30Sc, 0.0005~0.005Be	0.02~0.05	0.05~0.15	0.05	0.15	余量	—
79	5B70	0.10	0.20	0.05	0.15~0.40	5.5~6.5	—	—	0.05	0.20~0.40Sc, 0.0005~0.005Be	0.02~0.05	0.10~0.20	0.05	0.15	余量	—
80	5A71	0.20	0.30	0.05	0.30~0.7	5.8~6.8	0.10~0.20	—	0.05	0.20~0.35Sc, 0.0005~0.005Be	0.05~0.15	0.05~0.15	0.05	0.15	余量	—
81	5B71	0.20	0.30	0.10	0.30	5.8~6.8	0.30	—	0.30	0.30~0.50Sc, 0.0005~0.005Be, 0.003B	0.02~0.05	0.08~0.15	0.05	0.15	余量	—
82	5A90	0.15	0.20	0.05	—	4.5~6.0	—	—	—	0.005Na, 1.9~2.3Li	0.10	0.08~0.15	0.05	0.15	余量	—
83	6A01	0.40~0.9	0.35	0.35	0.50	0.40~0.8	0.30	—	0.25	0.50Mn+Cr	—	—	0.05	0.10	余量	6N01

续附表2

序号	牌号	化学成分（质量分数）/%														备注
		Si	Fe	Cu	Mn	Mg	Cr	Ni	Zn		Ti	Zr	其他		Al	
													单个	合计		
84	6A02	0.50~1.2	0.50	0.20~0.6	或Cr 0.15~0.35	0.45~0.9	—	—	0.20	—	0.15	—	0.05	0.10	余量	LD2
85	6B02	0.7~1.1	0.40	0.10~0.40	0.10~0.30	0.40~0.8	—	—	0.15	—	0.01~0.04	—	0.05	0.10	余量	LD2-1
86	6R05	0.40~0.9	0.30~0.50	0.15~0.25	0.10	0.20~0.6	0.10	—	—	0.10~0.20RE	0.10	—	0.05	0.15	余量	—
87	6A10	0.7~1.1	0.50	0.30~0.8	0.30~0.9	0.7~1.1	0.05~0.25	—	0.20	—	0.02~0.10	0.04~0.20	0.05	0.15	余量	—
88	6A51	0.50~0.7	0.50	0.15~0.35	—	0.45~0.6	—	—	0.25	0.15~0.35Sn	0.01~0.04	—	0.05	0.15	余量	—
89	6A60	0.7~1.1	0.30	0.6~0.8	0.50~0.7	0.7~1.0	—	—	0.20~0.40	0.30~0.50Ag	0.04~0.12	0.10~0.20	0.05	0.15	余量	—
90	7A01	0.30	0.30	0.01	—	—	—	—	0.9~1.3	0.45Si+Fe	—	—	0.03	—	余量	LB1
91	7A03	0.20	0.20	1.8~2.4	0.10	1.2~1.6	0.05	—	6.0~6.7	—	0.02~0.08	—	0.05	0.10	余量	LC3
92	7A04	0.50	0.50	1.4~2.0	0.20~0.6	1.8~2.8	0.10~0.25	—	5.0~7.0	—	0.10	—	0.05	0.10	余量	LC4
93	7B04	0.10	0.05~0.25	1.4~2.0	0.20~0.6	1.8~2.8	0.10~0.25	0.10	5.0~6.5	—	0.05	—	0.05	0.10	余量	—
94	7C04	0.30	0.30	1.4~2.0	0.30~0.50	2.0~2.6	0.10~0.25	—	5.5~6.5	—	—	—	0.05	0.10	余量	—
95	7D04	0.10	0.15	1.4~2.2	0.10	2.0~2.6	0.05	—	5.5~6.7	0.02~0.07Be	0.10	0.08~0.16	0.05	0.10	余量	—
96	7A05	0.25	0.25	0.20	0.15~0.40	1.1~1.7	0.05~0.15	—	4.4~5.0	—	0.02~0.06	0.10~0.25	0.05	0.15	余量	—
97	7B05	0.30	0.35	0.20	0.20~0.7	1.0~2.0	0.30	—	4.0~5.0	0.10V	0.20	0.25	0.05	0.10	余量	7N01
98	7A09	0.50	0.50	1.2~2.0	0.15	2.0~3.0	0.16~0.30	—	5.1~6.1	—	0.10	—	0.05	0.10	余量	LC9
99	7A10	0.30	0.30	0.50~1.0	0.20~0.35	3.0~4.0	0.10~0.20	—	3.2~4.2	—	0.10	—	0.05	0.10	余量	LC10
100	7A12	0.10	0.06~0.15	0.8~1.2	0.10	1.6~2.2	0.05	—	6.3~7.2	0.0001~0.02Be	0.03~0.06	0.10~0.18	0.05	0.10	余量	—
101	7A15	0.50	0.50	0.50~1.0	0.10~0.40	2.4~3.0	0.10~0.30	—	4.4~5.4	0.005~0.01Be	0.05~0.15	—	0.05	0.15	余量	LC15
102	7A19	0.30	0.40	0.08~0.30	0.30~0.50	1.3~1.9	0.10~0.20	—	4.5~5.3	0.0001~0.004Be①	—	0.08~0.20	0.05	0.15	余量	LC19
103	7A31	0.30	0.6	0.10~0.40	0.20~0.40	2.5~3.3	0.10~0.20	—	3.6~4.5	0.0001~0.001Be①	0.02~0.10	0.08~0.25	0.05	0.15	余量	—
104	7A33	0.25	0.30	0.25~0.55	0.05	2.2~2.7	0.10~0.20	—	4.6~5.4	—	0.05	—	0.05	0.10	余量	—
105	7B50	0.12	0.15	1.8~2.6	0.10	2.0~2.8	0.04	—	6.0~7.0	0.0002~0.002Be	0.10	0.08~0.16	0.10	0.15	余量	—
106	7A52	0.25	0.30	0.05~0.20	0.20~0.50	2.0~2.8	0.15~0.25	—	4.0~4.8	—	0.05~0.18	0.05~0.15	0.05	0.15	余量	LC52

续附表 2

序号	牌号	化学成分（质量分数）/%														备注
		Si	Fe	Cu	Mn	Mg	Cr	Ni	Zn		Ti	Zr	其他		Al	
													单个	合计		
107	7A55	0.10	0.10	1.8~2.5	0.05	1.8~2.8	0.04	—	7.5~8.5	—	0.01~0.05	0.08~0.20	0.10	0.15	余量	—
108	7A68	0.15	0.35	2.0~2.6	0.15~0.40	1.6~2.5	0.10~0.20	—	6.5~7.2	0.005Be	0.05~0.20	0.05~0.20	0.05	0.15	余量	—
109	7B68	0.05	0.05	2.0~2.6	0.05	1.8~2.8	0.04	—	7.8~9.0	—	0.01~0.05	0.08~0.25	0.10	0.15	余量	—
110	7D68	0.12	0.25	2.0~2.6	0.10	2.3~3.0	0.05	—	8.0~9.0	0.0002~0.002Be	0.03	0.10~0.20	0.05	0.10	余量	7A60
111	7A85	0.05	0.08	1.2~2.0	0.10	1.2~2.0	0.05	—	7.0~8.2	—	0.05	0.08~0.16	0.05	0.15	余量	—
112	7A88	0.50	0.75	1.0~2.0	0.20~0.6	1.5~2.8	0.05~0.20	0.20	4.5~6.0	—	0.10	—	0.10	0.20	余量	—
113	8A01	0.05~0.30	0.18~0.40	0.15~0.35	0.08~0.35	—	—	—	—	—	0.01~0.03	—	0.05	0.15	余量	—
114	8A06	0.55	0.50	0.10	0.10	0.10	—	—	0.10	1.0Si+Fe	—	—	0.05	0.15	余量	L6

①铍含量均按规定加入，可不作分析；

②作铆钉线材的 3A21 合金，锌含量不大于 0.03%。

附录2 中国铸造铝及其化学成分表（GB/T 8733—2007）

序号	牌号	对应ISO3522(E)的合金类型	化学成分（质量分数）/%											其他杂质[①]		Al[②]	原合金代号
			Si	Fe	Cu	Mn	Mg	Ni	Zn	Sn	Ti	Zr	Pb	单个	合计		
1	201Z.1	AlCu	0.30	0.20	4.5~5.3	0.6~1.0	0.05	0.10	0.20	—	0.15~0.35	0.20	—	0.05	0.15	余量	ZLD201
2	201Z.2	AlCu	0.05	0.10	4.8~5.3	0.6~1.0	0.05	0.05	0.10	—	0.15~0.35	0.15	—	0.05	0.15	余量	ZLD201A
3	201Z.3	AlCu	0.20	0.15	4.5~5.1	0.35~0.8	0.05	—	—	Cd：0.07~0.25	0.15~0.35	0.15	—	0.05	0.15	余量	ZLD210A
4	201Z.4	AlCu	0.05	0.13	4.6~5.3	0.6~0.9	0.05	—	0.10	Cd：0.15~0.25	0.15~0.35	0.15	—	0.05	0.15	余量	ZLD204A
5	201Z.5	AlCu	0.05	0.10	4.6~5.3	0.30~0.50	0.05	B：0.01~0.06	0.10	Cd：0.15~0.25	0.15~0.35	0.05~0.20	V：0.05~0.30	0.05	0.15	余量	ZLD205A
6	210Z.1	AlCu	4.0~6.0	0.50	5.0~8.0	0.50	0.30~0.50	0.30	0.50	0.01	—	—	0.05	0.05	0.20	余量	ZLD110
7	295Z.1	AlCu	1.2	0.6	4.0~5.0	0.10	0.03	—	0.20	0.01	0.20	0.10	0.05	0.05	0.15	余量	ZLD203
8	304Z.1	AlSiMgTi	1.6~2.4	0.50	0.08	0.30~0.50	0.50~0.65	0.05	0.10	0.05	0.07~0.15	—	0.05	0.05	0.15	余量	—
9	312Z.1	AlSi12Cu	11.0~13.0	0.40	1.0~2.0	0.30~0.9	0.50~1.0	0.30	0.20	0.01	0.20	—	0.05	0.05	0.20	余量	ZLD108
10	315Z.1	AlSi5ZnMg	4.8~6.2	0.25	0.10	0.10	0.45~0.7	Sb：0.10~0.25	1.2~1.8	0.01	—	—	0.05	0.05	0.20	余量	ZLD115
11	319Z.1	AlSi5Cu	4.0~6.0	0.7	3.0~4.5	0.55	0.25	0.30	0.55	0.05	0.20	Cr：0.15	0.15	0.05	0.20	余量	—
12	319Z.2	AlSi5Cu	5.0~7.0	0.8	2.0~4.0	0.50	0.50	0.35	1.0	0.10	0.20	Cr：0.20	0.20	0.10	0.30	余量	—
13	319Z.3	AlSi5Cu	6.5~7.5	0.40	3.5~4.5	0.30	0.10	—	0.20	0.01	—	—	0.05	0.05	0.20	余量	ZLD107
14	328Z.1	AlSi9Cu	7.5~8.5	0.50	1.0~1.5	0.30~0.50	0.35~0.55	—	0.20	0.01	0.10~0.25	—	0.05	0.05	0.20	余量	ZLD106
15	333Z.1	AlSi9Cu	7.0~10.0	0.8	2.0~4.0	0.50	0.50	0.35	1.0	0.10	0.20	Cr：0.20	0.20	0.10	0.30	余量	—
16	336Z.1	AlSiCuNiMg	11.0~13.0	0.40	0.50~1.5	0.20	0.9~1.5	0.8~1.5	0.20	0.01	0.20	—	0.05	0.05	0.20	余量	ZLD109
17	336Z.2	AlSiCuNiMg	11.0~13.0	0.7	0.8~1.3	0.15	0.8~1.3	0.8~1.5	0.15	0.05	0.20	Cr：0.10	0.05	0.05	0.20	余量	—
18	354Z.1	AlSi9Cu	8.0~10.0	0.35	1.3~1.8	0.10~0.35	0.45~0.65	—	0.10	0.01	0.10~0.35	—	0.05	0.05	0.20	余量	ZLD111

续附录2

序号	牌号	对应ISO3522(E)的合金类型	化学成分（质量分数）/%													原合金代号
			Si	Fe	Cu	Mn	Mg	Ni	Zn	Sn	Ti	Zr	Pb	其他杂质[①] 单个	其他杂质[①] 合计	Al[②]	
19	355Z.1	AlSi5Cu	4.5~5.5	0.45	1.0~1.5	0.50	0.45~0.65	Be：0.10	0.20	0.01	Ti+Zr:0.15	—	0.05	0.05	0.15	余量	ZLD105
20	355Z.2	AlSi5Cu	4.5~5.5	0.15	1.0~1.5	0.10	0.50~0.65	—	0.10	0.01	—	—	0.05	0.05	0.15	余量	ZLD105A
21	356Z.1	AlSi5Cu	6.5~7.5	0.45	0.20	0.35	0.30~0.50	Be：0.10	0.20	0.01	Ti+Zr:0.15	—	0.05	0.05	0.15	余量	ZLD101
22	356Z.2	AlSi7Mg	6.5~7.5	0.12	0.10	0.05	0.30~0.50	0.05	0.05	0.01	0.08~0.20	—	0.05	0.05	0.15	余量	ZLD101A
23	356Z.3	AlSi7Mg	6.5~7.5	0.12	0.05	0.05	0.30~0.40	—	0.05	—	0.10~0.20	—	—	0.05	0.15	余量	—
24	356Z.4	AlSi7Mg	6.8~7.3	0.10	0.02	0.02	0.30~0.40	Sr：0.020~0.035	0.10	—	0.10~0.15	Ca：0.003	—	0.05	0.15	余量	—
25	356Z.5	AlSi7Mg	6.5~7.5	0.15	0.20	0.05	0.30~0.45	—	0.10	—	0.10~0.20	—	—	0.05	0.15	余量	—
26	356Z.6	AlSi7Mg	6.5~7.5	0.40	0.20	0.6	0.25~0.40	0.05	0.30	0.05	0.20	—	0.05	0.05	0.15	余量	—
27	356Z.7	AlSi7Mg	6.5~7.5	0.15	0.10	0.10	0.50~0.65	—	—	—	0.10~0.20	—	—	0.05	0.15	余量	ZLD114A
28	356Z.8	AlSi7Mg	6.5~8.5	0.50	0.30	0.10	0.40~0.6	Be：0.15~0.40	0.30	0.01	0.10~0.30	Zr：0.20，B：0.10	0.05	0.05	0.20	余量	ZLD116
29	A356.2	AlSi7Mg	6.5~7.5	0.12	0.10	0.05	0.30~0.45	—	0.05	—	0.20	—	—	0.05	0.15	余量	—
30	360Z.1	AlSi10Mg	9.0~11.0	0.40	0.03	0.45	0.25~0.45	0.05	0.10	0.05	0.15	—	0.05	0.05	0.15	余量	—
31	360Z.2	AlSi10Mg	9.0~11.0	0.45	0.08	0.45	0.25~0.45	0.05	0.10	0.05	0.15	—	0.05	0.05	0.15	余量	—
32	360Z.3	AlSi10Mg	9.0~11.0	0.55	0.30	0.55	0.25~0.45	0.15	0.35	—	0.15	—	0.10	0.05	0.15	余量	—
33	360Z.4	AlSi10Mg	9.0~11.0	0.45~0.9	0.08	0.55	0.25~0.50	0.15	0.15	0.05	0.15	—	0.15	0.05	0.15	余量	—
34	360Z.5	AlSi10Mg	9.0~10.0	0.15	0.03	0.10	0.30~0.45	—	0.07	—	0.15	—	—	0.03	0.10	余量	—
35	360Z.6	AlSi10Mg	8.0~10.5	0.45	0.10	0.20~0.50	0.20~0.35	—	0.25	0.01	Ti+Zr:0.15	—	0.05	0.05	0.20	余量	ZLD104
36	360Y.6	AlSi10Mg	8.0~10.5	0.8	0.30	0.20~0.50	0.20~0.35	—	0.10	0.01	Ti+Zr:0.15	—	0.05	0.05	0.20	余量	YLD104
37	A360.1	AlSi10Mg	9.0~10.0	1.0	0.6	0.35	0.45~0.6	0.50	0.40	0.15	—	—	—	—	0.25	余量	—
38	A380.1	AlSi9Cu	7.5~9.5	1.0	3.0~4.0	0.50	0.10	0.50	2.9	0.35	—	—	—	—	0.50	余量	—
39	A380.2	AlSi9Cu	7.5~9.5	0.6	3.0~4.0	0.10	0.10	0.10	0.10	—	—	—	—	0.05	0.15	余量	—
40	380Y.1	AlSi9Cu	7.5~9.5	0.9	2.5~4.0	0.6	0.30	0.50	1.0	0.20	0.20	—	0.30	0.05	0.20	余量	YLD112

续附录2

序号	牌号	对应ISO3522(E)的合金类型	化学成分（质量分数）/%													原合金代号
			Si	Fe	Cu	Mn	Mg	Ni	Zn	Sn	Ti	Zr	Pb	其他杂质[①]		Al[②]	
														单个	合计		
41	380Y.2	AlSi9Cu	7.5~9.5	0.9	2.0~4.0	0.50	0.30	0.50	1.0	0.20	—	—	—	—	0.20	余量	—
42	383.1	AlSi9Cu	9.5~11.5	0.6~1.0	2.0~3.0	0.50	0.10	0.30	2.9	0.15	—	—	—	—	0.50	余量	—
43	383.2	AlSi9Cu	9.5~11.5	0.6~1.0	2.0~3.0	0.10	0.10	0.10	0.10	0.10	—	—	—	—	0.20	余量	—
44	383Y.1	AlSi9Cu	9.6~12.0	0.9	1.5~3.5	0.50	0.30	0.50	3.0	0.20	—	—	—	—	0.20	余量	—
45	383Y.2	AlSi9Cu	9.6~12.0	0.9	2.0~3.5	0.50	0.30	0.50	0.8	0.20	—	—	—	0.05	0.30	余量	YLD113
46	383Y.3	AlSi9Cu	9.6~12.0	0.9	1.5~3.5	0.50	0.30	0.50	1.0	0.20	—	—	—	—	0.20	余量	—
47	390Y.1	AlSi17Cu	16.0~18.0	0.9	4.0~5.0	0.50	0.50~0.65	0.30	1.5	0.30	—	—	—	0.05	0.20	余量	YLD117
48	398Z.1	AlSi20Cu	19~22	0.50	1.0~2.0	0.30~0.50	0.50~0.8	RE：0.6~1.5	0.10	0.01	0.20	0.10	0.05	0.05	0.20	余量	ZLD118
49	411Z.1	AlSi（11）	10.0~11.8	0.15	0.03	0.10	0.45	—	0.07	—	0.15	—	—	0.03	0.10	余量	—
50	411Z.2	AlSi（11）	8.0~11.0	0.55	0.08	0.50	0.10	0.05	0.15	0.05	0.15	—	0.05	0.05	0.15	余量	—
51	413Z.1	AlSi（12）	10.0~13.0	0.6	0.30	0.50	0.10	—	0.10	—	0.20	—	—	0.05	0.20	余量	ZLD102
52	413Z.2	AlSi（12）	10.5~13.5	0.55	0.10	0.55	0.10	0.10	0.15	—	0.15	—	0.10	0.05	0.15	余量	—
53	413Z.3	AlSi（12）	10.5~13.5	0.40	0.03	0.35	—	—	0.10	—	0.15	—	—	0.05	0.15	余量	—
54	413Z.4	AlSi（12）	10.5~13.5	0.45~0.9	0.08	0.55	—	—	0.15	—	0.15	—	—	0.05	0.25	余量	—
55	413Y.1	AlSi（12）	10.0~13.0	0.9	0.30	0.40	0.25	—	0.10	—	—	0.10	—	0.05	0.20	余量	YLD102
56	413Y.2	AlSi（12）	11.0~13.0	0.9	1.0	0.30	0.30	0.50	0.50	0.10	—	—	—	0.05	0.30	余量	—
57	A413.1	AlSi（12）	11.0~13.0	1.0	1.0	0.35	0.10	0.50	0.40	0.15	—	—	—	—	0.25	余量	—
58	A413.2	AlSi（12）	11.0~13.0	0.6	0.10	0.05	0.05	0.05	0.05	0.05	—	—	—	—	0.10	余量	—
59	443.1	AlSi（5）	4.5~6.0	0.6	0.6	0.50	0.05	Cr：0.25	0.50	—	0.25	—	—	—	0.35	余量	—
60	443.2	AlSi（5）	4.5~6.0	0.6	0.10	0.10	0.05	—	0.10	—	0.20	—	—	0.05	0.15	余量	—
61	502Z.1	AlMg（5Si）	0.8~1.3	0.45	0.10	0.10~0.40	4.6~5.6	—	0.20	—	0.20	—	—	0.05	0.15	余量	ZLD303
62	502Y.1	AlMg（5Si）	0.8~1.3	0.9	0.10	0.10~0.40	4.6~5.5	—	0.20	—	—	0.15	—	0.05	0.25	余量	YLD302

续附录2

序号	牌号	对应ISO3522(E)的合金类型	化学成分（质量分数）/%														原合金代号
			Si	Fe	Cu	Mn	Mg	Ni	Zn	Sn	Ti	Zr	Pb	其他杂质[①]		Al[②]	
														单个	合计		
63	508Z.1	AlMg（8）	0.20	0.25	0.10	0.10	7.6~9.0	Be：0.03~0.10	1.0~1.5	—	0.10~0.20	—	—	0.05	0.15	余量	ZLD305
64	515Y.1	AlMg（3）	1.0	0.6	0.10	0.40~0.6	2.6~4.0	0.10	0.40	0.10	—	—	—	0.05	0.25	余量	YLD306
65	520Z.1	AlMg（10）	0.30	0.25	0.10	0.15	9.8~11.0	0.05	0.15	0.01	0.15	0.20	0.05	0.05	0.15	余量	ZLD301
66	701Z.1	AlZnSiMg	6.0~8.0	0.6	0.6	0.50	0.15~0.35	—	9.2~13.0	—	—	—	—	0.05	0.20	余量	ZLD401
67	712Z.1	AlZnMg	0.30	0.40	0.25	0.10	0.55~0.70	Cr：0.40~0.6	5.2~6.5	—	0.15~0.25	—	—	0.05	0.20	余量	ZLD402
68	901Z.1	AlMn	0.20	0.30	—	1.50~1.70	—	RE：0.03	—	—	0.15	—	—	0.05	0.15	余量	ZLD501
69	907Z.1	AlRECuSi	1.6~2.0	0.50	3.0~3.4	0.9~1.2	0.20~0.30	0.20~0.30	0.20	RE：4.4~5.0	—	0.15~0.25	—	0.05	0.20	余量	ZLD207

①“其他杂质”一栏系指表中未列出或未规定具体数值的金属元素；

②铝的质量分数为100%与质量分数等于或大于0.010%的所有元素含量总和的差值。

附录3　全主元高斯－约当消元法函数 C#代码

```
public bool GAUSSJ (ref double [,] A, ref double [] B)
        {
            bool functionReturnValue = false;
            double [] IPIV = new double [50];
            double [] INDXR = new double [50];
            double [] INDXC = new double [50];
            double IROW = 0;
            double ICOL = 0;
            double DUM = 0;
            double PIVINV = 0;
            int n = B.GetUpperBound (0);
            functionReturnValue = false;
            for (int j = 0; j <= n; j++)
            {
                IPIV [j] = 0;
            }
            for (int i = 0; i <= n; i++)
            {
                dynamic BIG = 0.0;
                for (int j = 0; j <= n; j++)
                {
                    if (IPIV [j] != 1)
                    {
                        for (int k = 0; k <= n; k++)
                        {
                            if (IPIV [k] == 0)
                            {
                                if (Math.Abs (A [j, k]) >= BIG)
                                {
                                    BIG = Math.Abs (A [j, k]);
                                    IROW = j;
                                    ICOL = k;
                                }
                            }
                            else if (IPIV [k] > 1)
                            {
```

```
                    functionReturnValue = true;
                    return functionReturnValue;
                }
            }
        }
    }
    IPIV [(int) ICOL] = IPIV [(int) ICOL] + 1;
    if (IROW ! = ICOL)
    {
        for (int l = 0; l< = n; l+ +)
        {
            DUM = A [(int) IROW, l];
            A [(int) IROW, l] = A [(int) ICOL, l];
            A [(int) ICOL, l] = DUM;
        }
        DUM = B [(int) IROW];
        B [(int) IROW] = B [(int) ICOL];
        B [(int) ICOL] = DUM;
    }
    INDXR [i] = IROW;
    INDXC [i] = ICOL;
    if (A [(int) ICOL, (int) ICOL] = = 0.0)
    {
        functionReturnValue = true;
        return functionReturnValue;
    }
    PIVINV = 1.0 / A [(int) ICOL, (int) ICOL];
    A [(int) ICOL, (int) ICOL] = 1.0;
    for (int l = 0; l < = n; l+ +)
    {
        A [(int) ICOL, l] = A [(int) ICOL, l] * PIVINV;
    }
    B [(int) ICOL] = B [(int) ICOL] * PIVINV;
    for (int LL = 0; LL < = n; LL+ +)
    {
        if (LL ! = ICOL)
        {
            DUM = A [LL, (int) ICOL];
            A [LL, (int) ICOL] = 0.0;
```

```
                for (int l = 0; l < = n; l+ +)
                {
                    A [LL, l] = A [LL, l] - A [(int) ICOL, l] * DUM;
                }
                B [LL] = B [LL] - B [(int) ICOL] * DUM;
            }
        }
    }
    for (int l = n; l > = 0; l + = -1)
    {
        if (INDXR [l] ! = INDXC [l])
        {
            for (int k = 0; k < = n; k+ +)
            {
                DUM = A [k, (int) INDXR [l]];
                A [k, (int) INDXR [l]] = A [k, (int) INDXC [l]];
                A [k, (int) INDXC [l]] = DUM;
            }
        }
    }
    return functionReturnValue;
}
```

参 考 文 献

[1] 唐剑，王德满，刘静安，等．铝合金熔炼与铸造技术［M］．北京：冶金工业出版社，2009.

[2] 周家荣．铝合金熔铸生产技术问答［M］．北京：冶金工业出版社，2008.

[3] 梅锦旗．VB6.0在变形铝合金配料计算中的应用［J］．铸造技术，2010（7）：947.

[4] 毛亚红，刘虎平．浅谈圆锭铸造生产工艺及主要设备［J］．铝加工，2006（5）：47.

[5] 王万良，吴启迪．生产调度智能算法及其应用［M］．北京：科学出版社，2007.

[6] 高慧敏，曾建潮．钢铁生产调度智能优化与应用［M］．北京：冶金工业出版社，2006.

[7] 张景元，蒋明炜，温咏裳，等．用计算机实现生产计划作业排序的方法［J］．机械工业自动化，1981（3）：2.